中国轻工业"十三五"规划教材

食品微生物检验

（第二版）

主编　曾　峰　刘　斌

副主编　李志明　赵　超

中国轻工业出版社

图书在版编目（CIP）数据

食品微生物检验 / 曾峰，刘斌主编 . — 2 版 . — 北京：中国轻工业出版社，2024.1

ISBN 978-7-5184-2766-6

Ⅰ . ①食… Ⅱ . ①曾… ②刘… Ⅲ . ①食品检验–微生物检定–高等学校–教材 Ⅳ . ①TS207.4

中国版本图书馆 CIP 数据核字（2019）第 291859 号

责任编辑：贾　磊　　责任终审：张乃东　　封面设计：锋尚设计
版式设计：砚祥志远　　责任校对：朱燕春　　责任监印：张　可

出版发行：中国轻工业出版社（北京鲁谷大街 5 号，邮编：100040）
印　　刷：三河市万龙印装有限公司
经　　销：各地新华书店
版　　次：2024 年 1 月第 2 版第 2 次印刷
开　　本：787×1092　1/16　印张：10.75
字　　数：230 千字
书　　号：ISBN 978-7-5184-2766-6　定价：34.00 元
邮购电话：010-85119873
发行电话：010-85119832　85119912
网　　址：http://www.chlip.com.cn
Email：club@ chlip.com.cn
如发现图书残缺请与我社邮购联系调换
232026J1C202ZBQ

《食品微生物检验》（第二版）编委会

主　　编　曾　峰（福建农林大学）

　　　　　刘　斌（福建农林大学）

副 主 编　李志明（国家食品质量监督检验中心）

　　　　　赵　超（福建农林大学）

参　　编　（按拼音排序）

　　　　　姜德铭（国家食品质量监督检验中心）

　　　　　宁　芊（福建农林大学）

　　　　　童爱均（福建农林大学）

　　　　　王良玉（福建技术师范学院）

　　　　　杨　玉（福建省福清市市场监督管理局）

　　　　　周　辉（福建农林大学）

审　　稿　何国庆（浙江大学）

前言（第二版） | Preface

近年来，在世界范围内频繁发生食品安全事件，对人们的健康和生命造成了巨大的威胁。据世界卫生组织统计，全世界每年数以亿计的食源性疾病患者中，70%是由各种致病性微生物污染的食品和饮用水引起的。致病菌、病毒、真菌及其毒素、寄生虫等生物性危害是食品安全主要危害之一，也是食源性疾病的主要祸根之一。因此，学习食品微生物检验的基础知识，掌握微生物检验技术，加强食品微生物的检验工作，控制腐败微生物和病原微生物的活动，防止食品变质和食源性疾病，是保证食品安全的重要手段，对保障人民身体健康、经济可持续高质量发展和社会稳定具有重要意义。

时代在进步，科学技术的发展日新月异，食品微生物检验技术也在不断发展，食品微生物检验包含的内容也越来越多。编者在综合了国内外最新食品微生物检验学研究进展的基础上，根据在教学过程中对食品微生物检验这门学科的理解及教学、科研的积累，在第一版的基础上修订了教材。第二版教材以《中华人民共和国食品安全法》和最新版食品安全国家标准中有关食品微生物检验的方法为依据，注重微生物基础知识与专业实验的有机衔接及食品微生物检验原理与技能的结合。第二版的特点是在体系上与第一版保持一致，并在此基础上做到内容全面更新，以确保教材与时俱进。

本教材由福建农林大学曾峰博士和刘斌教授担任主编，国家食品质量监督检验中心的李志明高级工程师和福建农林大学赵超教授担任副主编。编写分工如下：第一章绪论由曾峰、赵超、刘斌编写，第二章食品微生物检验条件及基本技术由李志明、王良玉、杨玉编写，第三章食品微生物生化试验与抗原–抗体反应由李志明、曾峰、姜德铭编写，第四章食品微生物检验的基本程序由刘斌、曾峰、宁芊编写，第五章各类食品微生物检验方法及其标准和第六章食品微生物快速检验方法由赵超、曾峰、刘斌编写，第七章食品微生物检验学实验指导由曾峰、童爱均、周辉编写，第八章食品微生物检验常用培养基及试剂由李志明、童爱均编写。曾峰博士和刘斌教授负责全书统稿。浙江大学何国庆教授审阅了书稿，同时，本书还得到了福建农林大学教材出版基金的大力支持，在此一并表示衷心感谢。

鉴于食品安全新情况、新问题的不断涌现，食品微生物检验新标准的不断出台，食品微生物检验新技术的不断发展，加上编写人员的水平有限，书中难免有不足和疏漏之处，敬请同行和专家批评指正。

编者

2021 年 4 月于福州

前言（第一版） | Preface

科学技术推动了现代工业、农业和商业的迅速发展，也推动了人类社会的进步和人们生活水平的提高，但也导致了资源的过度开发、生态的破坏和环境的污染，致使人类的生存环境和食物的生产环境恶化。近年来，在世界范围内频发的食品安全事件，对人们的健康和生命造成了巨大的威胁。据世界卫生组织统计，在全世界每年发生的数以亿计的食源性疾病中，70%是由于各种病原生物污染的食品和饮用水引起的。致病菌、病毒、真菌及其毒素、寄生虫等生物性危害是对食品安全最大的危害之一，也是食源性疾病的最大祸根之一。因此，学习食品微生物检验的基础知识，掌握微生物检验技术，加强食品微生物的检验工作，控制腐败微生物和病原微生物的活动，防止食品变质和食源性疾病的发生，是保证食品安全、保障人类健康的重要手段之一。

随着食品微生物检验技术的不断发展，食品微生物检验包含的内容也越来越多，而让教师和学生在有限的教与学的时间内，真正全面系统地掌握食品微生物检验的核心内容的合适的教材却不常见。本书作者作为在食品微生物检验一线的教学和科研人员，在综合了国内外一些最新的食品微生物检验学研究进展和书目的基础上，根据在教学过程中对食品微生物检验这门学科的理解及教学科研的积累，编写了本教材。本书以《中华人民共和国食品安全法》和2012版食品安全国家标准有关食品微生物学检验方法为依据，注重微生物基础知识与专业实验的有机衔接和食品微生物检验原理与技能的结合。学生修完本课程后，可独立完成微生物基础检验和符合国家标准要求的食品微生物检测方案设计、采样及样品处理、检验及结果分析、数据记录与报告等工作。

本书由福建农林大学刘斌教授担任主编，国家副食品质量监督检验中心的李志明高级工程师和福建农林大学赵超博士担任副主编。编写分工如下：第一章（赵超、江玉姬），第二章（李志明、杨玉、王良玉），第三章（李志明、姜德铭），第四章、第五章（刘斌、宁芊），第六章（郑亚凤、刘斌），第七章（周辉、赵超、刘斌），第八章（李志明）。刘斌教授负责全书的统稿定稿，浙江大学何国庆教授对全书进行了审阅。同时，本书的出版还得到了福建农林大学教材出版基金的大力支持，在此一并表示感谢。

鉴于食品安全新情况、新问题的不断发生，食品微生物检验新标准的不断出台，食品微生物检验新技术的不断发展，加上编写人员的学识和写作水平有限，书中难免有不足和疏漏之处，敬请广大读者、同行和专家批评指正。

编者

2012 年 8 月于福州

| 目录 | Contents

第一章

CHAPTER

绪论

食品微生物检验是应用微生物学及其相关学科的理论和方法，研究如何检测外界环境和食品中微生物及其毒素的种类、数量和特性，为食品加工中的环境卫生管理和食品生产管理及产品的质量鉴定与控制提供科学依据，以保证人畜健康、防止疾病传播和增进人类福祉的一门应用性学科。

自然界中微生物种类多、数量大。食品在来源地、加工及运输等过程中都可能受到各种微生物及其代谢产物的污染，这使得食品微生物检验的研究对象以及研究范围广泛。此外，食品微生物检验还具有实用性及应用性强的特点，通过检验、控制及利用微生物，防止食品变质和杜绝食源性病害，进而保证食品卫生的安全，在促进人类健康方面起着重要的作用。

第一节　食品的微生物污染来源与途径

一、食品的微生物污染源

自然界中各种微生物的普遍性导致动物性食物、植物性食物或由它们加工成的食品不可避免地存在着微生物。了解微生物的来源，对进行食品微生物检验具有重要意义。食品中微生物的来源主要有以下几个方面。

（一）土壤中的微生物

自然界中的微生物绝大部分都存在于土壤中，土壤是食品中微生物的主要来源。土壤中的微生物种类多、数量大，每克土壤中含有几千万乃至几千亿个微生物，以细菌为最多，放线菌、霉菌次之，其他种类较少。土壤中的微生物类群和数量可随土壤的地理位置、土壤的种类以及有机物的含量、生物种类、湿度、酸碱度等的不同而异。

土壤中除含有大量的原住微生物外，还有随人和动物分泌物、排泄物以及污水等进入土壤的异养菌。在这些异养菌中有一部分是病原菌，虽然它们一般在土壤中容易死亡、存活期短，但个别能形成芽孢的细菌（如炭疽芽孢杆菌）可长期存在。它们可通过污染的食品、饮水或直接感染人或动物而引起人或动物患病。

（二）水中的微生物

水中的微生物主要来自土壤，其次还来自尘埃、人畜的排泄物、垃圾、污水等。水因含有无机物质和有机物质，也是微生物广泛生存的天然环境，且是污染食品的微生物主要来源。

病原微生物可随患病人和动物的排泄物等一起进入水中，一般因水的自净作用而难以长期生存，但有些病原菌可在水中生存相当长的时间并成为传染源。水中的微生物类群和数量可因水源的不同、污染程度的差异、有机物含量以及各种理化因素的影响、自净作用等而有很大的差别。食品的生产、加工，以及设备、场地洗刷等都离不开水，因此水的卫生质量好坏直接影响食品的卫生安全。

水中的细菌菌落总数是用营养琼脂作倾注平板培养，于36℃培养48h后计算的菌落数，它是水体中粪便等含微生物污染物污染水体程度的指标。

我国饮用水卫生标准中规定生活饮用水中细菌菌落总数小于100CFU/mL，纯水或净化水的标准为小于50CFU/mL。

（三）空气中的微生物

由于干燥、流动、日光直射作用及缺乏营养物质，进入空气中的大部分微生物都会死亡，只有一些对干燥和阳光抵抗力强、能产生芽孢的细菌以及真菌的孢子可长期存在于空气中。大多数病原菌在空气中存活时间短，一般仅为数小时，但在阴暗、通风不良的情况下能存活较长时间，所以空气中基本上不存在病原微生物，仅在患病的人和动物附近、医院周围等处的空气中含有，可造成飞沫传染。

空气中的微生物主要是地面上的微生物伴随尘埃、水滴，人和动物喊叫、喷嚏、咳嗽时喷出的飞沫等一并飞扬进入空气中的，而霉菌孢子则常被气流直接吹散进入空气中。因此，尘埃越多、越靠近地面的空气以及人和动物活动频繁处的空气，受微生物污染的程度越严重。空气中的微生物类群和数量受到许多因素的影响，如高度、季节与气候、地区、人口居住的密度、风速、动物的数量等。

检测空气中细菌含量一般采用郭霍氏平皿沉降法（表1-1），即将营养琼脂平板或血琼脂平板于检测场所的四角和中央各放置一个，打开平皿使其暴露于空气5min（有的规定15~20min），盖上皿盖37℃培养24~48h，计算所形成的菌落数。食品厂可根据实际情况及生产环境的要求在生产场所进行不定期或定期的检测，一般每隔1周或半个月进行一次，以了解生产场所的卫生状况。

表1-1　　　室内空气落下微生物的污染度分级参考值（$\varphi=9cm$，5min）

落下菌落数/个	空气污染度	评价
<3	洁净	无菌室、超净台
<30	清洁	安全
30~50	轻度污染	应加注意
50~75	中度污染	应加注意
75~100	高度污染	禁忌、不宜生产
>100	严重污染	禁忌

（四）人和动物体中的微生物

在正常情况下，人和动物由于与自然界密切接触，其体表皮肤、黏膜以及与外界相通的腔道，如口腔、鼻咽腔、呼吸道、消化道、泌尿生殖道等，均有一定类群和数量的微生物，称为常驻微生物。当人和动物被某些病原菌侵害而感染传染病，或成为带菌（带毒）者时，则体内含有大量的病原微生物可通过痰液、粪便等分泌物向体外排出。人和动物的常驻微生物和病原微生物均可污染外界环境或直接由人或动物污染食品，成为食品中的微生物污染来源，这也是动物性食品发生内源性污染和外源性污染的重要原因。

（五）用具上的微生物

应用于食品的一切用具，如原料的包装物、生产加工用具、运输工具、工厂设备、成品的包装材料或容器以及食品加工的炊具等，由于土壤、水、空气或其他因素而被各种微生物污染，特别是与含有病原微生物的物品或腐败食品接触后，就能作为媒介将其所污染的微生物污染到其他食品上。

二、食品的微生物污染途径

食品在生产加工、运输、贮藏、销售、烹调直至食用的整个过程的各个环节，都有可能存在微生物的污染。作为动物性食品，其污染还可能来自动物本身，食品常因此污染某些病原微生物，这在食品卫生学上是非常重要的。

（一）内源性污染

内源性污染是指由动植物本身携带的微生物而造成食品的污染，也称第一次污染。这种污染包括健康动物体表、呼吸道、消化道及泌尿生殖道的一些常驻微生物和动物由于感染了某种病原微生物而造成生前在动物组织和脏器中存在的病原微生物引起的污染。

（二）外源性污染

经过这一途径污染食品的情况较为复杂。外源性污染是指食品在生产、贮存、运输、销售和食用等一系列过程中，不遵守操作规程或不按卫生要求使食品被微生物所污染，也称二次污染。这种污染的程度因食品种类、所处环境的不同而不尽相同，是食品微生物污染的主要方面，包括外环境土壤和空气的污染，所用水的污染、生产和运输用具的污染，贮藏过程中的污染，昆虫等动物的污染以及食品从业人员的污染等。

第二节　食品中有害微生物对人类和生产的影响

食品安全是世界范围内广泛关注的问题，近年来中国也屡屡发生因食品污染引起的食物中毒事件，引发了人们对食品安全的进一步关注。有统计显示，在影响中国食品安全的诸因素中，微生物污染仍高居首位。我国重大食物中毒通报资料的汇总与分析结果表明，1999 年至 2014 年的 16 年间，第三季度为重大食物中毒高发季节，中毒人数占总人数的 42.5%，微生物性食物中毒人数最多，是威胁我国食品安全的头号杀手。据 2016 年国家卫生计生委办公厅通报，上一年度食物中毒事件中，微生物性食物中毒人数居首位，占全年食物中毒总人数的

53.7%。由于微生物具有较强的生态适应性，食品原料在种植、收获、饲养、捕捞、加工、包装、运输、销售、保存以及食用等每一个环节都可能被微生物污染。同时，微生物具有易变异性，未来可能不断有新的病原微生物威胁食品安全和人类健康。食品的微生物污染是由一些有害微生物引起的，可引起食品变质、食物中毒和导致人体患病等。

一、引起食品变质

食品中含有水分、蛋白质、脂肪、碳水化合物等营养物质，这些成分是微生物的生长基质，所以微生物在食品中能够生长繁殖。食品腐败变质的原因有物理、化学、生物化学和微生物学等，但最普遍、最主要的因素是微生物。

环境中微生物无处不在，使得食物在生产、加工、运输、储存、销售过程中，很容易被微生物污染。只要温度适宜，微生物就会生长繁殖，分解食物中的营养物质，以满足自身需要。这时食物中的蛋白质等营养物质就会被破坏，发出臭味和酸味，失去原有的坚韧性和弹性，颜色也会发生变化，从而造成食品变质。

二、引起食物中毒

微生物的有害作用包括病原微生物的作用和腐败微生物的作用。引起人类病害的微生物有多种，其中一部分是因侵入消化道而引起的疾病，这些病原体主要属于细菌和病毒，是疾病的根源。其常以食物或水作为载体，引发的疾病称为消化道疾病，如食物中毒、食源性传染病。病原体进入消化道以后，是否必然引起疾病及病害程度，是由病原菌菌种的毒力、感染的菌量及人体的免疫力等多种因素所决定的。

三、导致人体患病

微生物对人类的危害主要是由病原微生物引起的。有的病毒可通过食物和饮用水引起腹泻等病毒性疾病，且目前人类对病毒性疾病还没有特效的治疗方法。食品中的病原菌如沙门菌、饮用水中的病原菌如霍乱弧菌、小肠结肠炎耶尔森菌等都会引起人类的疾病，甚至是比较严重的疾病。此外，真菌毒素以及细菌毒素等也能引起人类的疾病。

第三节　食品微生物检验的目的、任务及意义

一、食品微生物检验的目的

食品微生物检验是为了检测食品中是否存在有害微生物及其毒素并做出卫生评价，为生产出安全、卫生、符合标准的食品提供科学依据，以保证获得符合卫生要求、适于人类消费的食品。

食品质量是生产出来的，不是检验出来的。微生物检验的目的不仅仅是证明产品是否合格，更在于在食品生产过程中执行并完善良好的管理体系，使包括微生物在内的产品的各项产品质量指标都合格。检验的目的有以下三项：一是监测生产过程中是否有严重偏差（如半成品受到污染），以便及时纠正和召回产品；二是积累数据并定期分析，根据分析结果来监测生产

过程、工艺以及产品质量等是否出现波动、偏差和漂移，以便纠正和调整（即回顾性验证）；三是保证食品的卫生质量安全，避免食物中毒的发生。大肠菌群的检出，表明食品被粪便直接或间接污染，食品就有可能污染了致病菌。金黄色葡萄球菌的检出表明食物被人或动物接触过。就目前状况看，除肉类食品屠宰中被粪便污染造成沙门菌污染、蛋被粪便污染、奶源被乳腺炎污染外，大都与人手接触有关。人手上有时就有大肠杆菌、沙门菌和志贺菌。如果微生物学检验中出现不合格的情况时，就要查相关的生产环节。因此食品微生物检验对生产具有重要的指导意义。

二、食品微生物检验的任务

食品微生物检验用以确定食品的可食程度，控制食品的有害微生物及代谢产物的污染，督促食品加工工艺改进，改善生产卫生状况，防止人畜共患病传播，保证人类身体健康。

食品微生物检验的任务包括：研究各类食品中微生物的种类、分布及其特性；食品的微生物污染及其控制，提高食品的卫生质量；微生物与食品贮存的关系；食品中的致病性、中毒性、致腐性微生物研究；各类食品中微生物的检验方法及标准。

三、食品微生物检验的意义

食品微生物检验是衡量食品卫生质量的重要手段，也是判定被检食品能否食用的科学依据。通过食品微生物检验，可以判断食品加工环境及食品卫生状况，能够对食品被细菌等微生物污染的程度作出正确的评价，为各项卫生管理工作提供科学依据，提供食物中毒重复发生的防治措施。食品微生物检验贯彻"预防为主"的卫生方针，可以有效地防止或者减少食物中毒以及人畜共患病的发生，保障人民的身体健康；同时，它对提高产品质量，避免经济损失，保证出口等方面具有重要意义。

第四节　食品微生物检验的范围及指标

一、食品微生物检验的范围

食品不论在产地还是加工前后，均可能遭受微生物的污染。污染的机会和原因很多，一般有：食品生产环境的污染，食品原料的污染，食品加工过程的污染等。根据食品被微生物污染的原因和途径，进行以下几个方面的检验。

（1）生产环境的检验　包括车间用水、空气、地面和墙壁的检验等。

（2）原辅料检验　包括食用动物、谷物、添加剂等一切原辅材料的检验。

（3）食品加工、贮存、销售等环节的检验　包括食品从业人员的个人卫生状况、加工工具、运输车辆、包装材料的检验等。

（4）食品的检验　重要的是对出厂食品、可疑食品及食物中毒食品的检验。

二、食品微生物检验的指标

食品微生物检验的指标是根据食品卫生的要求，从微生物学的角度对不同食品所提出的与食品有关的具体指标要求。我国国家卫生与健康委员会颁布的食品微生物检验指标主要有细菌菌落总数、大肠菌群数、致病菌、霉菌及其毒素等。

（一）细菌菌落总数

细菌菌落总数是指食品检验样品经过处理，在一定条件下培养后 1g、1mL 或 $1cm^2$ 待检样品中所含细菌菌落的总数。通常采用平板计数法（SPC），它反映食品的新鲜度、被细菌污染的程度、生产过程中食品是否变质和食品生产的一般卫生状况等。因此，这是判断食品卫生质量的重要依据之一。

（二）大肠菌群数

大肠菌群包括大肠杆菌和产气肠杆菌之间的一些生理上比较接近的中间类型的（如柠檬酸杆菌、阴沟肠杆菌、克雷伯菌等）细菌，它们是能在 24h 内发酵乳糖产酸产气的革兰阴性无芽孢杆状菌。这些细菌是寄居于人和温血动物肠道内常见的细菌，随着粪便排出体外。食品中大肠菌群的检出，表明食品直接或间接受粪便污染。故以大肠菌群数作为粪便污染食品的卫生指标来评价食品的质量具有广泛意义。

（三）致病菌

致病菌即能引起人体发病的细菌，对不同的食品和不同的场合应选择对应的参考菌群进行检验。例如海产品以副溶血性弧菌、沙门菌、志贺菌、金黄色葡萄球菌等作为参考菌群；蛋与蛋制品以沙门菌、志贺菌等作为参考菌群；糕点、面包以沙门菌、志贺菌、金黄色葡萄球菌等作为参考菌群；软饮料以沙门菌、志贺菌、金黄色葡萄球菌等作为参考菌群。

（四）霉菌及其毒素

许多霉菌会产生毒素而引起急性或慢性疾病，虽然我国还没制定出具体的指标，但这几年已开始重视对产毒霉菌的检验工作。霉菌的检验，目前主要是霉菌计数或同酵母菌一起计数以及黄曲霉毒素等真菌毒素的检验，以了解真菌污染程度和食物被真菌毒素污染的状况。

三、食品微生物检验技术的发展

食品微生物检验的发展与整个微生物学的发展是密不可分的。人类很早就开始利用微生物的许多特性为人类的生产、生活服务，古代人类早已将微生物学知识用于工农业生产和疾病防治中，在夏禹时期就有酿酒的记载。北魏（公元 386—534）《齐民要术》一书中详细记载了制醋的方法。长期以来民间常用的盐腌、糖渍、烟熏、风干等保存食物的方法，实际上正是通过抑制微生物的生长而防止食物腐烂变质。在预防医学方面，我国自古就有将水煮沸后饮用的习惯。明朝李时珍在《本草纲目》中指出，将病人的衣服蒸过后再穿就不会传染上疾病，说明已有消毒的记载。

（一）致病菌检测阶段

微生物的发现：首先观察到微生物的是荷兰人安东尼·列文虎克（Antonie van Leeuwen-hoek，1632—1723）。他于 1676 年用自磨镜片制造了世界上第一架显微镜（约放大 300 倍），并从雨水、牙垢等标本中第一次观察并描述了各种形态的微生物，为微生物的存在提供了有力证据，并确定了细菌的三种基本形状：球菌、杆菌和螺旋菌，列文虎克也被称为显微镜之父。

微生物与食品腐败：法国科学家路易斯·巴斯德（Louis Pasteur，1822—1895）首先通过实验证明了有机物质的发酵与腐败是微生物作用的结果，而酒类变质是因污染了杂菌，从而推翻了当时盛行的自然发生说。巴斯德在病原体研究和预防方面也做出了卓越的贡献，他发明了巴氏消毒法，被称为现代微生物学之父。

病原微生物：19世纪末至20世纪初，在巴斯德和罗伯特·科赫（Robert Koch）光辉业绩的影响下，国际上形成了寻找病原微生物的热潮。有关食品微生物学方面的研究也主要是检测致病菌。

我国从20世纪50年代起开始对沙门菌、葡萄球菌、链球菌等食物中毒菌进行调查研究，并建立了各种引起食物中毒的细菌的分离鉴定方法。

（二）指示菌检测阶段

在我国，80%的传染病是肠道传染病，为了预防肠道传染病，制定了各种食品微生物的检验方法和检验标准。通过这些方法和标准，可以检测并判断水、空气、土壤、食品、日常用品以及各类公共场所的有关微生物的安全卫生状况。但是，有时直接检测目的病原微生物非常困难，需借助带有指示性的微生物（指示菌），根据其被检出情况，判断样品被污染程度，并间接指示致病微生物有无可能存在，以及对人群是否构成潜在威胁。

指示菌（Indicator Microorganism）是在常规安全卫生检测中，用以指示检验样品卫生状况及安全性的指示性微生物。检验指示菌的目的，主要是以指示菌在检品中存在与否以及数量多少为依据，对照国家卫生标准，对检品的饮用、食用或使用的安全性做出评价。这些微生物应该在环境中存在数量较多，易于检出，检测方法较简单，而且具有一定的代表性。指示菌可分为以下三种类型。

（1）评价被检样品一般卫生质量、污染程度以及安全性的指示菌　最常用的是菌落总数、霉菌和酵母菌数。

（2）粪便污染的指示菌　主要指大肠菌群。其他还有肠球菌、粪大肠菌群等。其检出标志着检品受过人畜粪便的污染，而且有肠道病原微生物存在的可能性。

（3）其他指示菌　包括某些特定环境不能检出的菌类，如特定菌、某些致病菌或其他指示性微生物，如嗜热脂肪芽孢杆菌用于灭菌锅灭菌指示菌。

（三）微生态制剂检测阶段

19世纪人们就发现并开始认识厌氧菌（巴斯德，1863年），但直到20世纪70年代了解到厌氧菌主要是无芽孢专性厌氧菌后，才重新开始重视其研究。厌氧菌广泛分布在自然界，尤其是广泛存在于人和动物的皮肤和肠道。生态平衡时，与人和动物体"和平共处"。生态失调时，成为条件致病菌（Opportunistic Pathogen），形成厌氧菌感染症。由此，1980年以来，市场上出现了以乳酸菌、双歧杆菌为主的各种微生态制剂后，检验其菌株特性和数量就成了目前食品微生物检测的一项重要内容。

（四）现代基因工程菌和尚未能培养菌的检测

转基因动物、植物和基因工程菌被批准使用以及进入商品化生产，加大了食品微生物检测的任务。转基因食品的检验也逐渐成为一项检验项目。通过16S rDNA扩增等技术，目前也发现了一些活着但不能培养的微生物，这也促进了食品微生物检验技术的发展。

目前微生物应用技术、实验方法也在极其迅速地发展，如电镜技术结合生物化学、电泳、免疫化学等技术，推动了微生物的分类和鉴定技术。荧光抗体技术、单抗技术、PCR技术等，也进一步促进了微生物检验的发展。

在今后一段时间内，我国在保证食品安全方面需要着重开展以下工作。

（1）加大人力和物力的投入力度，进行相关理论的研究和技术的开发；提高食品毒理学、食品微生物学、食品化学等学科的研究水平，并将这些研究领域的成果及时地应用于食品安全保障工作之中；对食品生产的环境开展有害物的背景调查，对各种食品中的危害因子进行系统地检测与分析，为食品安全的有效控制提供基础数据和信息。

（2）以现代食品安全控制的最新理论和技术，不断制定和修订各项食品安全与卫生技术规范，并加以落实；不断完善相应的法律法规，加强法制管理，明确执法机构人员的职责；研究食物中毒的新病原物质，提高食物中毒的科学评价水平和管理水平；进一步推广良好操作规范（GMP）和危害分析与关键控制点（HACCP）等有效的现代管理与控制系统；对全体国民加强新知识、现代技术和食品安全基本常识的宣传与教育，加强相关法制法规的教育，提高广大民众自我保护意识。

（3）研究世界贸易组织（WTO）规则中有关食品安全的条例，有效应对国际食品贸易中与食品安全相关的技术壁垒，以保护我国的经济利益和广大民众的生命安全；加强国际合作，同联合国粮农组织（FAO）、世界卫生组织（WHO）等国际专门机构或组织进行经常性的沟通与合作，就世界范围内的食品污染物和添加剂的评价、制订每日容许摄入量（ADI）值、食品规格、监督管理措施等问题不断提出意见或建议，维护我国在处理有关食品安全国际事务中的权力和利益。

民以食为天。食品安全问题关系到人民健康、社会稳定和国家经济的可持续发展，已引起前所未有的重视。目前，食品安全问题形势严峻，食品微生物污染问题突出。食品微生物检验作为给人类提供有益于健康、能确保食用安全的食品科学的保障措施之一，对食品安全控制起着非常关键的作用。食品微生物学检验的广泛应用和不断改进，是制定和完善有关法律法规的基础和执行依据，是制定各级预防和监控系统的重要组成部分，是食品微生物污染溯源的有效手段，也是控制和降低由此引起重大损失的有效手段，具有较大的经济和社会意义。

思考题

1. 食品的微生物污染来源与途径有哪些？
2. 什么是内源性污染和外源性污染？
3. 食品中有害微生物对人体健康和生产有哪些影响？
4. 食品微生物检验的目的和任务是什么？
5. 食品微生物检验有何意义？
6. 食品微生物检验的范围包括哪些？
7. 食品微生物检验的指标有哪些？
8. 什么是指示菌？可分为哪些类型？
9. 我国在保证食品安全方面需要着重开展哪些工作？

参 考 文 献

[1] 谭龙飞，黄壮霞. 食品安全与生物污染防治 ［M］. 北京：化学工业出版社，2007.

[2] 吴坤，孙秀发. 营养与食品卫生 ［M］. 5 版. 北京：人民卫生出版社，2003.

[3] 彭海滨，吴德峰，孔繁德，等. 我国沙门氏菌污染分布概况 ［J］. 中国国境卫生检疫杂志，2006，29（2）：125-128.

[4] 冯家望，吴小伦，陈静静，等. 食品中李斯特菌污染状况研究 ［J］. 中国食品卫生杂志，2007，19（1）：44-46.

[5] 盛东. 食品微生物检验的特点 ［J］. 中国卫生检验杂志，2000，10（2）：230-231.

[6] 张洁梅. 食品微生物检验技术的研究进展 ［J］. 现代食品科技，2005，21（2）：221-222.

[7] 林蕾，张炜. 食品微生物检验技术的研究进展 ［J］. 现代农业科学，2008，15（10）：97-99.

[8] 苏景如. 食品微生物检验新方法 ［J］. 食品研究与开发，2004，25（1）：115-116.

[9] 徐茂军. 基因探针技术及其在食品卫生检测中的应用 ［J］. 食品与发酵工业，2000，27（2）：66-70.

[10] 何宏艳. 核酸杂交技术在食品微生物检验中的应用 ［J］. 中国卫生检验杂志，2005，15（6）：767-768.

[11] 刘用成. 食品检验技术（微生物部分）［M］. 北京：中国轻工业出版社，2008.

[12] 周新建，焦凌霞. 食品微生物学检验 ［M］. 北京：化学工业出版社，2011.

[13] 姚勇芳. 食品微生物检验技术 ［M］. 北京：科学出版社，2011.

[14] 邓国兴，姜随意，高志贤. 1999—2014 年全国重大食物中毒通报资料的汇总与分析 ［J］. 食品研究与开发，2015，36（10）：149-152.

食品微生物检验条件及基本技术

第一节　食品微生物检验条件

一、微生物检验室

微生物检验室是指用于食品卫生微生物检验的实验室。按照 GB 4789.1—2016《食品安全国家标准　食品微生物学检验　总则》的要求，在环境、人员、设备、检验用品、培养基和试剂以及菌株方面对微生物检验室有以下基本要求。

（一）环境

基本要求：实验室环境不应影响检验结果的准确性。实验室的工作区域应与办公区域明显分开。实验室工作面积和总体布局应能满足从事检验工作的需要，实验室布局应采用单方向工作流程，避免交叉污染。实验室环境的温度、湿度、光照度、噪声和洁净度应符合工作需要。一般样品检验应在洁净区域（包括超净工作台和洁净实验室）进行，洁净区域应有明显的标识。病原微生物分离鉴定工作应在二级生物安全实验室进行。

微生物检验室的建造：可参照 GB 19489—2008《实验室　生物安全通用要求》和 GB 50346—2011《生物安全实验室建设技术规范》等进行立项和建造。应远离辐射、振动、噪声、沙尘等可能影响检验结果的物理因素。还要防止老鼠、苍蝇、果蝇、蟑螂等动物进入实验室。

实验室的布局：布局时一般要求将工作人员的办公区和实验区分开。办公区用于实验人员的学习和休息。按功能，实验区可分为一般操作区、培养区和无菌区。一般操作区可进行洗涤、配制试剂、培养基灭菌，还可进行一些生化试验、显微镜观察、检验结果计数，无菌操作前需要的准备工作和收样、写报告等其他一些工作。因此又可细分为准备区、洗涤区、灭菌区、观察计数区等。布局时要注意各个工作过程的衔接，使工作人员少走冤枉路，同时避免交叉污染。培养区主要放置培养箱，用于待检微生物的分离培养等。无菌区指无菌室，进行无菌操作，如称样、稀释、均质、接种等工作。

（1）准备区　用于配制培养基和样品处理等。室内设有天平、试剂柜、存放器具或材料的专柜、实验台、电炉、冰箱和上下水道、电源等。

（2）洗涤区　用于洗刷器皿等。可备有加热器、蒸锅，洗刷器皿用的盆、桶等，还应有各种瓶刷、去污粉、肥皂等。最好备有超声波洗涤器。

（3）灭菌区　主要用于培养基和各种器具的灭菌，应备有高压蒸汽灭菌器、烘箱等灭菌设备及设施。

（4）无菌室　在一般环境的空气中，由于存在许多尘埃和杂菌，很易造成污染，对接种工作干扰很大。在微生物工作中，菌种的接种移植是一项主要操作，这项操作的特点就是要防止杂菌的污染，因此需要无菌室。无菌室也称接种室，是系统接种、纯化菌种等无菌操作的专用实验室。

如果进行病原微生物检验时需要在无菌室内安装二级生物安全柜，并配备灭菌锅、洗眼器等设备。一旦在日常检验过程中检出致病菌，可使用灭菌锅及时处理有关致病菌。

（5）恒温培养区　培养区设有空调，可安装紫外灯，按需要配备各种培养箱，是培养接种物的地方。

（6）观察计数区　进行微生物的观察、计数和生理生化测定工作的场所。室内的陈设因工作侧重点不同而有差异。一般均配备实验台、显微镜、菌落计数器、柜子及凳子。实验柜放置日常使用的用具及药品等。

检验室要求整洁、光线充足、通风良好并安装适当功率的电源和水源以及空调。并设有消毒缸，以处理沾有活菌的载玻片等污染物品。

（二）人员

人员基本要求：检验人员应具有相应的教育、微生物专业培训经历，具备相应的资质，能够理解并正确实施检验。检验人员应掌握实验室生物检验安全操作知识和消毒知识。检验人员应在检验过程中遵守相关预防措施的规定，保证自身安全。有颜色视觉障碍的人员不能涉及辨色的实验。

首先，必须由具有微生物专业或相近专业学历的且经验丰富的人员来操作或指导微生物检验。实验员应具有实验室认可的相关工作经历，这样才能在无人指导或被确认在有工作经验人员的指导下履行食源微生物检验工作。

其次，实验室的管理程序应保证所有人员接受适当的操作设备和检验技术方面的培训，其中包括符合微生物检验标准要求的基本技能培训，如倒平板、菌落计数、无菌操作等。只有具备独立完成的能力或在适当的指导下能进行操作的实验室人员，才允许对样品进行检验。还应随时评估实验人员在检验中所表现的能力，必要时对其进行再培训。当一种方法并不属于常规方法时，在检验开始前确认微生物检验人员的技能是十分必要的。

（三）微生物检验室的其他基本要求

（1）培养基和试剂　培养基的制备和质量控制按照 GB 4789.28—2013《食品卫生微生物学检验　染色法、培养基和试剂》的规定执行。检验试剂的质量及配制应适用于相关检验。对检验结果有重要影响的关键试剂应进行适用性检验。

（2）菌株　应使用微生物菌种保藏专门机构或同行认可机构保存的、可溯源的标准或参考菌株。实验室应保存能满足实验需要的标准或参考菌株，在购入和传代保藏过程中，应进行验证试验，并进行文件化管理。

应对从食品、环境或人体分离、纯化、鉴定的，未在微生物菌种保藏专门机构登记注册的原始分离菌株（野生菌株）进行系统、完整的菌株信息记录，包括分离时间、来源、表型及分子鉴定的主要特征。

二、无菌室的建设

（一）无菌技术

在自然界中，微生物是肉眼看不见的微小生物，而且分布很广，无处不在，因此，对微生物进行研究与应用时，必须防止被其他微生物污染。将微生物分离、转接及培养时防止被其他微生物污染的技术称为无菌技术。常用的无菌技术如下。

（1）对使用的器具及培养基的灭菌　凡对微生物进行研究及生产过程中所使用的器具、设备（如试管、吸管、三角瓶、平皿、发酵罐）以及培养微生物用的培养基必须进行严格的灭菌，使其不含任何微生物。其中，常用的方法是高压蒸汽灭菌（湿热灭菌）及高温干热灭菌（利用烘箱灭菌）。灭菌后应做无菌检查。

（2）创造无菌环境　在操作及培养微生物过程中，必须在无菌条件下进行。

①在火焰中上部的无菌区进行接种和分离，将接种针或耐热器具进行灼烧可达无菌效果。

②利用无菌箱、超净工作台或无菌室进行操作，在使用前可用紫外线灭菌，使空气及物品表面的微生物被杀死。操作人员必须穿工作服，戴口罩、帽子并换鞋，双手用75%酒精消毒。

③在好氧培养中，所用试管及三角瓶的口端加上棉塞、硅胶塞或多层纱布，这样既能进入空气，又把外界的微生物及尘埃隔除在外。对于好氧的发酵生产，则通入经过过滤的无菌空气。

（二）无菌室

无菌室是实验室的重要部分，为检验过程提供相对封闭的环境，避免检验过程中外界微生物的介入，也避免检验过程中致病菌的外泄，以达到保证实验结果的准确和人员安全的目的。无菌室通过空气的净化和空间的灭菌为微生物实验提供一个相对无菌的工作环境，否则在检验过程中外界的各种微生物很容易混入检验过程。外界不相干的微生物混入的现象，在微生物学中称为杂菌污染。防止污染是微生物学工作中十分关键的技术。彻底灭菌和防止污染是无菌技术的两个方面。另外，还要防止检验过程中有关的微生物，特别是致病微生物，从实验操作过程中逃逸到外界环境中而引起传染病的传播。因此微生物检验人员要求在工作中时刻具有无菌意识。目前已有商业化的无菌室建设承包企业。

无菌室应远离厕所及污染区、采光良好、避免潮湿。无菌室一般是在微生物实验室内专辟一个小房间，用于检验操作。外连1~2个缓冲房间，用于无菌室与外界环境之间的缓冲，避免操作人员从外界带入过多的微生物到无菌室内。面积一般不超过10m²，不小于5m²（面积也可根据需要调整，每人约3m²即可）。无菌室不得使用易燃材料装修，内装修应平整、光滑，无凹凸不平或棱角等，四壁及屋顶应用不透水材质，便于擦洗及杀菌。无菌室内地面应作适当处理，以防摩擦起尘。高度不超过2.4m，由1~2个缓冲间、操作间组成，操作间与缓冲间之间应置具备灭菌功能的样品传递箱。缓冲间的门和无菌室的门不要朝同一方向，以免气流带进杂菌。无菌室与缓冲间进出口应设拉门，门与窗平齐，门缝要封紧，两门应错开，以免空气对流造成污染。无菌室和缓冲间都必须密闭。在缓冲间内应有洗手盆、毛巾、无菌衣裤放置架及挂钩、拖鞋等，不应放置培养箱和其他杂物。无菌室内温度在夏季最好能控制在室温，可安装空调以控制温度，但必须要有空气过滤装置。室内温度控制在18~26℃。操作间内不应安装下水道。

无菌室主要组成设备包括具有空气除菌过滤的单向流空气装置、传递窗、紫外线灯、照明灯、不锈钢板工作台等。滤膜法检验时要求无菌室内安装抽滤设备。无菌室内装备的换气设备必须有空气过滤装置。由无菌室顶部向工作台方向吹出过滤空气。空气洁净度不小于 1 万级，如能达到千级或百级更好。

传递窗是一个密闭性好的小空间，内设紫外灯。朝无菌室内和缓冲间都开有窗。用于从缓冲间向无菌室内递物品，也可以从无菌室内向缓冲间递物品。无菌室和缓冲间都装有紫外灯和照明灯。室内采光面积大，从室外应能看到室内情况。无菌室内需安装足够的照明设备，保证夜晚也能进行细菌检验操作。无菌室内的照明灯应嵌装在天花板内，室内光照应分布均匀，光照度不低于 300lx。缓冲间及操作室内均应设置能达到空气消毒效果的紫外灯或其他适宜的消毒装置。缓冲间和操作间所设置的紫外线杀菌灯（2~2.5W/m²），应定期检查辐射强度，要求在操作面上达 40μW/cm²，不符合要求的紫外杀菌灯应及时更换。

无菌室照明灯、紫光灯、空气过滤设备、空调的开关都要安装在室外。而抽滤设备控制开关要安装在室内。根据需要在无菌室墙壁上应设立数个电源插座。

（三）无菌室的使用与管理

无菌室应保持清洁整齐，室内仅存放必需的检验用具，如均质机、酒精灯、酒精棉、打火机、镊子、接种针、接种环、记号笔等，不要放与检测无关的物品。室内检验用具及桌凳等保持固定位置，不随便移动。

无菌室应备有工作浓度的消毒液，如 5%来苏儿溶液、70%酒精、0.1%新洁尔灭溶液等。带有菌液的吸管、试管、培养皿等器皿应浸泡在盛有 5%来苏儿溶液的消毒桶内消毒，24h 后取出冲洗。如有菌液洒在桌上或地上，应立即用 5%来苏儿倾覆在被污染处至少 30min，再做处理。工作衣帽等受到菌液污染时，应立即脱去，高压蒸汽灭菌后洗涤。凡带有致病菌的物品，必须经灭菌后，才能在水龙头下冲洗，严禁污染下水道。

无菌室在每次操作前应用 0.1%新洁尔灭或 2%甲酚皂液或其他适宜消毒液擦拭操作台及可能污染的死角，开启无菌空气过滤器及紫外灯杀菌 1h。每次操作完毕，同样用上述消毒溶液擦拭工作台面，除去室内湿气，用紫外灯杀菌 0.5h。操作人员必须将手清洗消毒，于缓冲间更换消毒过的工作服、工作帽及工作鞋，才能进入无菌室。工作结束后，收拾好工作台上的样品及器材，最后用消毒液擦拭工作台。工作结束后还要拖地。

定期检查无菌室灭菌效果和无菌室内空气状况，空气中细菌数应控制在 10 个以下。发现不符合要求时，应立即彻底灭菌。如果是空气过滤器的问题，需及时更换过滤芯。

无菌室无菌程度的测定方法：取平板计数琼脂平板、改良马丁培养基平板各 3 个（平板直径均 9cm），置无菌室各工作位置上，开盖暴露 0.5h，然后倒置进行培养，测细菌总数应置 36℃温箱培养 48h；测霉菌数则应置 28℃温箱培养 5d。细菌、霉菌总数均不得超过 10 个为合格。

三、微生物检验室主要设备和器具

实验室设备管理要满足以下基本条件：实验室设备应满足检验工作的需要；实验设备应放置于适宜的环境条件下，便于维护、清洁、消毒与校准，并保持整洁与良好的工作状态；实验设备应定期进行检查、检定（加贴标识）、维护和保养，以确保工作性能和操作安全；实验设备应有日常性监控记录和使用记录。

检验室主要有培养箱、电烘箱（干燥箱）、冰箱、水浴锅、高压蒸汽灭菌锅、离心机、显微镜、均质器、酸度计、摇床、天平、菌落计数器、重量稀释器、生物安全柜、微波炉或电炉、瓶口分配器等设备。设备可根据经济条件、检测项目和方法进行增减，必要时还可以配备电脑进行数据管理。

（一）均质器

一般均质器有两种，即匀浆仪（Blender）和拍击式均质器（Stomacher）。

较常用的是使用拍击式均质器，由英国公司发明。用于从固体样品中提取细菌（图2-1）。将样品和稀释液加入无菌的塑料样品袋中，然后将样品袋放入拍击式均质器，关上门即接通电源，开始和完成样品的处理。通电后，由于样品袋夹在两个锤击板和透明玻璃板（即观察窗）之间，经电机连接的锤击板反复在样品均质袋上锤击，产生压力、引起振荡、加速混合，使溶液中各种成分处于均匀分布状态。从而有效地分离被包含在固体样品内部和表面的微生物，形成均一样品，使之具有充分的代表性。其最大优点是避免了匀浆仪使用的均质杯需要临时灭菌的麻烦。硬块、骨状、冰状物质因易破坏均质袋，使用时需要换用匀浆仪均质。

图2-1　拍击式均质器

下面以国产JT-C均质器（图2-2）为例介绍匀浆仪。JT-C均质器（匀浆仪）广泛用于动物组织、生物样品、食品、药品、化妆品、农产品、固体、半固体、非水溶性样品的均质处理，特别适合于微生物检测样本的制备，使从上述样品中提取细菌的过程变得非常简单、快速，只需将样品和稀释液（或乳化剂）加入灭过菌的杯子中，然后将杯子按到均质器上，开机定时即可。一个样品需一套均质杯。均质杯采用特种工程塑料制成，耐高温，可反复灭菌使用；材质透明，工作中可随时查看均质情况。原理类似于水果榨汁机。

图2-2　JT-C均质器

（二）培养箱

培养箱主要用于实验室微生物的培养，为微生物的生长提供一个适宜的温度环境。有的设有雾化器，以提供一个适宜的湿度环境。

（1）普通培养箱　一般控制的温度范围为：室温条件下 5~65℃，为电热恒温培养箱。没有风扇和雾化器。

（2）恒温培养箱　配有风扇和制冷降温设施，可满足低于室温温度培养的要求，但没有恒湿装置。

（3）恒温恒湿箱　一般控制的温度范围为 5~50℃，控制的湿度范围为 50%~90%。培养箱内设有风扇，箱外接雾化器以提供一个适宜的湿度环境，并有制冷降温装置，湿度大小可以控制。

（三）干燥箱（烘箱）

电烘箱的调温范围一般为 40~180℃。用于玻璃器皿等耐热物品的灭菌。使用时：

（1）将培养皿、吸管等玻璃器皿洗净干燥后，用报纸包好，或装入特制的金属筒中。使用金属筒时一定要留通气眼，保证筒内空气能够及时被加热。

（2）摆放时，彼此间留有一定的空隙以便流通空气。

（3）关紧箱门，打开排气孔接上电源。

（4）待箱内空气排出到一定程度时，关闭上排气孔，继续加热至一定温度后，调节温度控制旋钮固定温度，在 160~165℃保持 2h 即可。

（5）待自然降温冷却后（60℃以下），开门取出玻璃器皿。

（四）灭菌器

高压蒸汽灭菌器（Autoclave）是利用高压饱和蒸汽穿透力强、灭菌效果好的特点，对物品进行迅速而可靠灭菌的设备（图 2-3）。一般利用电热丝加热水产生蒸汽，并保持一定压力。具体方法是将需要灭菌的物品放在高压蒸汽灭菌器内，加热，先排除冷空气后关上排气阀，使蒸汽不外溢，高压蒸汽灭菌器内温度随着蒸汽压的增加而升高。在 103.4kPa（1.05kg/cm²）蒸汽压下，温度达到 121℃，一般维持 15min，可杀灭所有微生物。用于培养基、生理盐水、玻璃容器及注射器、敷料、废弃物、采样器、纱布、衣物的灭菌。

高压蒸汽灭菌器主要有一个可以密封的桶体，由压力表、排气阀、安全阀、电热丝等组成。按照使用原理，高压蒸汽灭菌器分为下排气压力蒸汽灭菌器和预真空压力蒸汽灭菌器两大类。

（1）下排气压力蒸汽灭菌器　下部有排气孔，灭菌时利　图 2-3　半自动高压蒸汽灭菌器
用冷热空气的比重差异，借助容器上部的蒸汽压迫使冷空气自底部排气孔排出。排尽冷气后关闭排气阀，继续加热，使压力升高。灭菌所需的温度、压力和时间根据物品性质、包装大小而有所差别。

（2）预真空压力蒸汽灭菌器　配有真空泵，在通入蒸汽前先将内部抽成真空，形成负压，以利于蒸汽穿透。不需要人工关闭阀门，达到自动化。

高压蒸汽灭菌器按大小和规模及装料方式又可分为手提式、立式、卧式杀菌锅。手提式、立式规模小用于普通实验室，灭菌量大时使用卧式杀菌锅。

使用注意事项如下。

①使用前应了解并掌握高压灭菌器的原理及操作规则，要清楚不正确使用会导致的灾难性后果。为保障消毒灭菌的质量，使用人员需经过有关培训。

②高压灭菌器内的物品不得放得过满，否则影响灭菌效果。装培养基的试管或瓶子的棉塞上，应包牛皮纸，以防冷凝水入内。

③灭菌锅密闭前，应将冷空气充分排空。灭菌完毕后，不可放气减压，否则瓶内液体会剧烈沸腾，冲掉瓶塞而外溢甚至导致容器爆裂。须待灭菌器内压力降至与大气压相等后才可开盖。

④高压灭菌操作人员在使用高压灭菌器时不得离开岗位，高压灭菌器应按照规定进行安全和计量检定，检定合格方可投入使用，并应注意日常维护保养。

⑤所有可能具有传染性的废物都应该高压灭菌。

⑥实验室高压灭菌器要定期检查，以确保高压灭菌器正常工作，防止意外事故发生，保证消毒灭菌效果。

（五）摇床

摇床是一种具有保温装置而且不断摇动的微生物培养装置。恒温摇床一般温度范围在室温条件下 5~65℃，会随室温波动而波动。全温摇床温度范围为 5~50℃，里面带制冷机，可以恒定在所设温度。

（六）显微镜

显微镜主要用于微生物和微小结构、形态等的观察。结构：镜座、镜臂、镜筒、载物台、光源、反光镜、集光器、物镜、目镜、光圈调节钮、载物台平行移动钮、调节旋钮（载物台垂直移动钮）、物镜旋转盘。另外有的显微镜可能还有光源调节钮和反光镜调节钮，如图 2-4 所示。

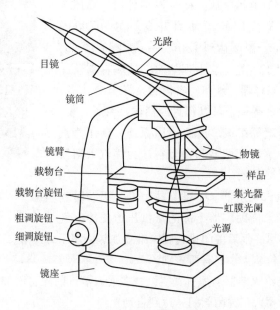

图 2-4 普通显微镜的一般结构

使用过程中应注意保护：移动时一手托镜座，另一手握镜臂；为避免灰尘，使用后罩住，放置干燥处；不可用手触摸或擦拭镜片；使用油镜后及时用二甲苯擦除镜头处的油。

常用光学显微镜还有暗视野显微镜、相差显微镜和荧光显微镜。

（七）菌落计数器

常见为传统菌落计数器、半自动菌落计数器和全自动菌落计数器。

1. 传统菌落计数器

传统菌落计数器为手动菌落计数器。手动菌落计数器是在光源透射区放置培养皿，上面设有放大镜，将菌落放大便于观察计数。需要人工数数，费时费力，是一种全人工操作的方法。

2. 半自动菌落计数器

半自动菌落计数器，是一种数字显示半自动细菌检验仪器。由计数器、探笔、计数池等部分组成（图2-5）。只要用探笔点到菌落就会自动计数并显示。与传统菌落计数器相比多了计数并显示的功能。

3. 全自动菌落计数器

全自动菌落计数器是通过微生物菌落分析和微颗粒粒度检测开发的高新技术产品。它利用其强大的软件图像处理功能和科学的数学分析方法对微生物菌落进行辨别分析和微颗粒粒度检测，计数准确，统计速度快。只要将平板放在计数台上，由电脑扫描计数，直接显示结果（图2-6）。检验数据可存留。精准稳定、操作简单，减轻了工作人员的工作强度。最适合乳酸菌的检验计数。

图2-5　半自动菌落计数器

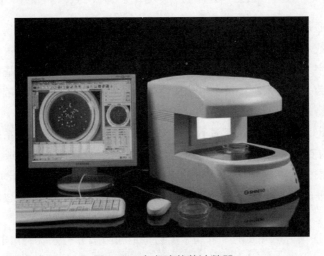

图2-6　全自动菌落计数器

（八）重量稀释器

重量稀释器用于制作样品原液的设备，它搭载了电子天平和微电脑，实现了称量自动化（图2-7）。把检体放入灭菌袋后按下按钮，这个设备就能自动测定检体重量、稀释液注入量，再加以自动计算后把灭菌稀释液注入袋内。在无菌室洁净台内使用。喷嘴可以左右自由安装，采用空气压缩方式，有高性能的分装机能和安静的分装声音。

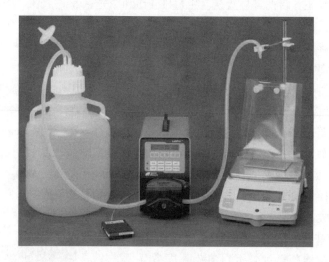

图2-7　重量稀释器

（九）微生物自动鉴定系统

传统的微生物鉴定虽然准确，但耗时、工作量大。在20世纪70年代中期，一些国外公司就研究出借助生物信息编码鉴定细菌的新方法——微生物数码鉴定法。这些技术的应用，为微生物检验工作提供了一个简便、科学的细菌鉴定程序，大大提高了细菌鉴定的准确性。目前，微生物编码鉴定技术已经得到普遍应用，并早已商品化和形成独特的不同细菌鉴定系统。如目前较常用的是法国公司生产的 Analytic Products INC（API）细菌数值分类分析鉴定系统。

数码鉴定是指通过数学的编码技术将细菌的生化反应模式转换成数学模式，给每种细菌的反应模式赋予一组数码，建立数据库或编成检索本。通过对未知菌进行有关生化试验并将生化反应结果转换成数字（编码），查阅检索本或数据库，得到细菌名称。其基本原理是计算并比较数据库内每个细菌条目对系统中每个生化反应出现的频率总和。随着电脑技术的进步，这一过程已变得非常容易。

微生物自动鉴定系统的工作原理因不同的仪器和系统而异。大多鉴定系统采用细菌分解底物后反应液中 pH 的变化，色原性或荧光原性底物的酶解，测定挥发性酸或不挥发性酸，或识别是否生长等方法来分析鉴定细菌。不同的细菌对底物的反应不同是生化反应鉴定细菌的基础，而试验结果的准确度取决于鉴定系统配套培养基的制备方法、培养物浓度、孵育条件和结果判定等。

Vitek 系统是由法国公司开发的全自动微生物鉴定和药敏分析系统。由电脑主机、孵育箱/读取器、充填机/封口机、打印机等组成（图2-8）。鉴定原理是根据微生物的生化性质不同，采用光电比色法检测微生物分解底物导致的指示剂颜色变化或浊度变化来判断结果。在每张试验卡上有30种生化反应试剂。接种后开始孵育，电脑控制的读数器每隔1h对反应孔底物自动扫描一次，记录变化动态。一旦鉴定卡内的终点指示孔到临界值，则指示此卡已完成。系统最后一次扫描后，将所得结果与电脑内已存的菌种数据库标准株的生物模型相比对后，得到相似系统鉴定值。最后自动打印报告。可以鉴定革兰阴性杆菌、革兰阳性球菌、需氧芽孢杆菌、酵母菌、厌氧菌、非发酵菌等。

图 2-8　Vitek 全自动微生物鉴定和药敏分析系统

　　此外还有其他类似的鉴定装置。由于微生物自动鉴定系统鉴定的结果与传统鉴定方法有时不完全相符（有的符合率在 70%～80%），目前大多用于鉴定的参考。但也代表了微生物鉴定工作向自动化发展的一个方向。

（十）微波炉或电炉

　　微波炉或电炉用于熔化固体培养基。

（十一）冰箱或冰柜

　　冰箱或冰柜用于放置不稳定的有机试剂和保存参考菌株用。如放置生化试验管、氧化酶试验用试剂、过氧化氢、抗生素、血清等。

（十二）生物安全柜

　　按照 GB 4789.1—2016《食品安全国家标准　食品微生物学检验　总则》规定，病原微生物的分离鉴定工作在二级生物安全实验室内进行。按 GB 19489—2008《实验室生物安全通用要求》中对 BSL-2 实验室设施和设备要求，应在实验室内配备生物安全柜、高压蒸汽灭菌器、洗眼设施等。

　　生物安全柜是具备气流控制及高效空气过滤装置的操作柜，可有效降低实验过程中产生的生物性气溶胶对操作者和环境污染的风险。用以保证实验室的生物安全条件和状态不低于容许水平，避免实验室人员、来访人员、社区及环境受到不可接受的损害。其工作原理主要是将柜内空气向外抽吸，使柜内保持负压状态，通过垂直气流来保护工作人员；外界空气经高效空气过滤器（high-efficiency particulate air filter，HEPA filter）过滤后进入安全柜内，以避免处理样品被污染；柜内的空气也需经过 HEPA 过滤器过滤后再排放到大气中，以保护环境。

　　生物安全柜一般由箱体和支架两部分组成（图 2-9）。箱体内部含有风机系统、过滤系统、控制与警报系统。细化为风机、门电机、进风预过滤罩、净化空气过滤器、外排空气预过滤器、照明源和紫外光源等设备。

　　生物安全等级一般分为四级：Ⅰ级涉及非致病生物物质；Ⅱ级涉及致病但无传染性的生物

图 2-9　生物安全柜

物质；Ⅲ级涉及那些易形成气溶胶因而能通过空气传播的致病病原；Ⅳ级涉及在性质上同Ⅲ级，但无疫苗或特效药可控制的病原物质。

按照中华人民共和国医药行业标准 YY 0569—2005《生物安全柜》中规定，二级生物安全柜依照入口气流风速、排气方式和循环方式可分为 4 个级别：A1 型、A2 型、B1 型和 B2 型。

A1 型安全柜前窗气流速度最小量或测量平均值应至少为 0.38m/s。70%气体通过 HEPA 过滤器再循环至工作区，30%的气体通过排气口过滤排出。

A2 型安全柜前窗气流速度最小量或测量平均值应至少为 0.5m/s。70%的气体通过 HEPA 过滤器再循环至工作区，30%的气体通过排气口过滤排出。

二级 B 型生物安全柜均为连接排气系统的安全柜。连接安全柜排气导管的风机连接紧急供应电源，目的在断电下仍可保持安全柜负压，以免危险气体泄漏。其前窗气流速度最小量或测量平均值应至少为 0.5m/s。

B1 型 70%气体通过排气口 HEPA 过滤器排除，30%的气体通过供气口 HEPA 过滤器再循环至工作区。

B2 型为 100%全排型安全柜，无内部循环气流，可同时提供生物性和化学性的安全控制，可以操作挥发性化学品和挥发性核放射物作为添加剂的微生物实验。

操作注意事项：①平行摆放柜内物品；②操作宜缓慢；③柜内移动物品时应尽量避免交叉污染；④避免震动；⑤柜内尽量不要使用明火。

维护与保养如下。

（1）每次实验结束后应对工作室进行清洗和消毒。

（2）预过滤器一旦受损，应及时更换。

（3）HEPA 过滤器的使用寿命到期后，应立即更换。由于过滤器可能带有污染物，操作时应注意安全防护，最好请经过专门训练的专业人员来更换。

（4）有下列情况之一时，应请专业人员对生物安全柜进行现场检测：①生物安全实验室竣工后，投入使用前，生物安全柜已安装完毕；②生物安全柜被移动位置；③对生物安全柜进行检修；④生物安全柜更换 HEPA 过滤器后；⑤生物安全柜一年一度的常规检测。

（十三）天平

天平用于称量样品和各种试剂。电子天平、托盘天平或扭力天平均可，感量一般为 0.01g。称样最好用电子天平。

（十四）瓶口分配器

瓶口分配器用于液体样品的定量分装（图 2-10）。旧式为利用注射器原理挤压分装，新式只需上下拉动套筒即可完成精确分液。

图 2-10　瓶口分配器

（十五）常用器具

检验室常用器具有细菌滤器、接种针、酒精灯、消毒棉球、均质袋、试管夹、吸管、移液枪、三角瓶、烧杯、培养皿、试管、微孔板、硅胶塞、三角瓶塞、杜氏小管、药勺、玻璃棒、L 形玻棒、试剂瓶、广口瓶、量筒、洗耳球、洗瓶、棉花、绳、镊子、剪刀、试管架、玻璃片、盖玻片、记号笔、洗刷、托盘、鞋套、口罩、帽子、手套、白大褂、紫外灯等。

基本要求：检验用品在使用前应保持清洁或无菌。常用的灭菌法包括湿热法、干热法、化学法等。需要灭菌的检验用品应放置在特定容器内或用合适的材料（如专用包装纸、铝箔纸等）包裹或加塞，应保证灭菌要求。可选择适用于微生物检验的一次性用品来替代反复使用的物品与材料（如培养皿、吸管、接种环等）。检验用品的储存环境应保持干燥和清洁，已灭菌与未灭菌用品应分开存放并明确标识。灭菌检验用品应记录灭菌/消毒与持续时间。

第二节 微生物检验基本技术

一、细菌形态学检验技术

（一）细菌的形态与结构

细菌是无真正细胞核的一类单细胞生物，原核生物。以细胞一分为二的方式进行繁殖。个体大小多数在几微米左右，且大多数是无色透明的，因此需要通过染色并借助显微镜来观察。

1. 细菌的形态

细菌的形态有球菌、杆菌、弧菌、弯曲菌和螺旋菌（图2-11）。细胞是球状的称为球菌，但有时不是正圆形。球菌分单球菌、双球菌、链球菌、四联球菌、葡萄球菌、八叠球菌。球状细胞分散排列的称为单球菌，排列成对的是双球菌。相互连接成链的是链球菌，4个细胞垂直排列的是四联球菌，8个细胞重叠成立方体是八叠球菌，细胞无秩序地堆积犹如葡萄形状的称为葡萄球菌。

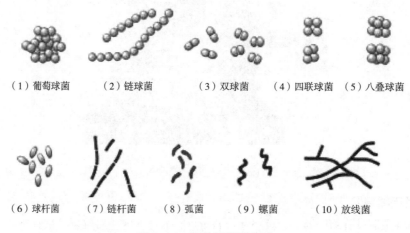

（1）葡萄球菌　（2）链球菌　（3）双球菌　（4）四联球菌　（5）八叠球菌

（6）球杆菌　（7）链杆菌　（8）弧菌　（9）螺菌　（10）放线菌

图2-11 各种细菌形态图

部分细菌呈杆状的称为杆菌。其大小、长度、粗细差别很大。短的几乎近球形，易同球菌混淆称为球杆菌（近球菌成对排列的称为双球菌，属于球菌）。菌体两端大多钝圆形，也有平齐的（如炭疽杆菌）。有的菌体末端膨大，称为棒状杆菌。有的在繁殖时呈分支生长的趋势，称为分支杆菌。有的呈梭形，称为梭菌。细菌的杆状细胞排列方式有链状、栅栏状、V字形排列等。

细胞略弯曲、呈弧形或逗点状的称为弧菌。菌体轻度S形或U形弯曲的称为弯曲菌。其他还有螺旋状的，有的称为螺菌（2~6环），有的称为螺旋体（6环以上）。放线菌可视为具有丝状分支细胞的细菌。

值得注意的是，即使是同一菌株，在不同培养基下培养时，其细胞大小和形态特征可能会发生变化。一些细菌在不同培养时期常常表现出不同的细胞形态，或者在某一培养时期表现出细胞的多形性。如变形杆菌，培养初期为杆状，后期成为类球状、丝状和不规则的形状，成对或成链排列。库特式菌为一种革兰阳性菌，在24h时培养物为不分枝、圆端规则的杆菌，长度随生长阶段变化，但一般为2~8μm；3~7d的培养物，通常由杆状断裂成类球状细胞。其他形态多变者还有副溶血性弧菌、小肠结肠炎耶尔森氏菌、节细菌和丙酸杆菌等。

2. 细菌的结构

细菌的结构一般有细胞壁、细胞膜、细胞质和核质构成，有的还有荚膜、芽孢、鞭毛等特殊结构（图2-12）。

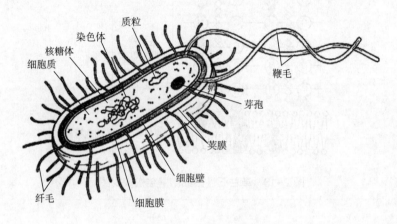

图2-12　细菌的结构

细胞壁，位于细菌菌体最外侧，是抵御外来不良化学物质进入细胞的屏障，又决定菌体形状。根据细菌的染色情况和细胞壁不同，把细菌分为革兰阳性菌和革兰阴性菌。

革兰阳性菌的细胞壁：主要由15~50层肽聚糖构成（存在于革兰阳性和革兰阴性细菌细胞壁中的一种复合糖类）。主链是β-1，4-糖苷键连接的N-乙酰葡萄糖氨和N-乙酰胞壁酸交替的杂多糖。在N-乙酰胞壁酸上接有肽链，不同糖链上的肽链交联后形成稳定的不溶水产物（图2-13）。其外层大多数有磷壁酸（一类多糖，通过磷酸二酯键连接的糖醇为主链；一部分糖基多数作为侧链接在糖醇的羟基上，也可作为主链的一部分）。磷壁酸带有较多负电荷，对镁离子等二价阳离子具有很强的吸附性，通过离子交换帮助细胞内的电离平衡，并调节依赖阳离子的酶活力。有的菌外层有多糖，有的菌细胞壁表面有蛋白质层。溶菌酶、万古霉素、杆菌肽、青霉素、头孢菌素等都作用于肽聚糖部分。这些抗生素对于具有外膜的革兰阴性菌作用很小，除非其外膜受到破坏。

革兰阴性菌的细胞壁：1~3层肽聚糖，由内向外依次为脂蛋白、外膜、脂多糖（图2-14）。从细胞膜（内膜）到外膜的间隙称为胞质间隙（周浆间隙）。外膜是革兰阴性菌细胞壁的主要成分，阻止多种大分子透过，具有屏障作用。脂多糖由类脂A、核心多糖和特异性多糖侧链组成，牢固结合于细胞表面，菌体溶解时释放出来，对动物有强烈毒性，被称为细菌内毒素。沙门菌等一些革兰阴性菌有这种毒素。与核心多糖部分相连的特异性多糖侧链为革兰阴性菌的菌体抗原（O抗原），它所含单糖的种类、位置、顺序、构型不同等造成菌体抗原的特异性。胞质间隙中有破坏抗生素的酶类，并在渗透压调节和纳泄方面起重要作用。脂多糖部分对表面活性剂等有害物质有一定抗性，能避免胆盐、去氧胆酸盐等的伤害。

细胞膜位于细胞壁内侧。由脂质双层组成，疏水基团在内，亲水基团在外，其内镶嵌以各

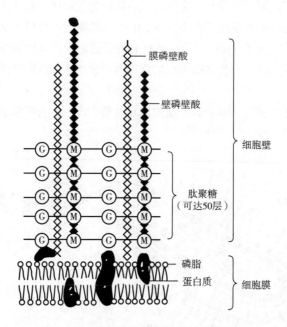

图 2-13 革兰阳性菌细胞壁结构模式图

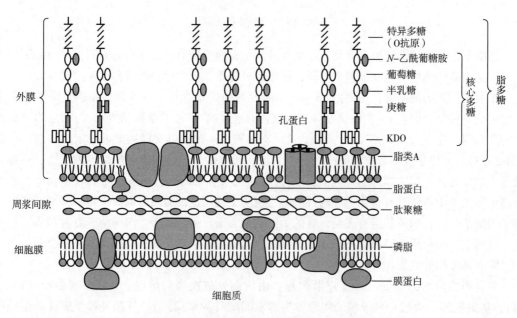

图 2-14 革兰阴性菌细胞壁结构模式图

种蛋白和少量多糖。具有选择性通透作用，有选择地吸取营养物质，排除代谢产物；含有许多合成酶和呼吸有关酶类；形成中介体（用电子显微镜观察，可以看到细胞膜向胞浆凹陷折叠成囊状物，作用类似于线粒体）。由于产能代谢、物质进出和合成等许多生命活动在这里进行，其重要程度不亚于核酸。构成细胞膜的磷脂占细胞干重的30%以上。细胞膜中蛋白质含量为其干重的60%~70%，脂类含量为其干重的30%~40%，还有少量的糖。细菌细胞膜的脂类成分随营养等环境的变化而变化。

细胞质即被细胞膜包围着的核质外的液状物，内含核糖体、贮存物、各种酶类、中间代谢物、无机盐、质粒等。有的细菌还有气泡、伴孢晶体等构造。

核质（或拟核），是决定细菌遗传的物质，决定细菌的遗传特征。集中在细胞质的某一区域，多在菌体中部。它与真核细胞的细胞核不同点在于四周无核膜，故不成形，也无组蛋白包绕。一个菌体内一般含有1~2个核质。现已证明，细菌的核质是由双股DNA组成的单一的环状染色体反复回旋盘绕而成，细菌的染色体是裸露的DNA。大肠杆菌的染色体相对分子质量为3×10^9，伸展后长度约达1.1mm，约含5×10^6碱基对，足可携带3000~5000个基因，以满足细菌生命活动的全部需要。

3. 细菌的特殊结构

有的细菌有特殊的结构，如芽孢、鞭毛、荚膜等（图2-15）。

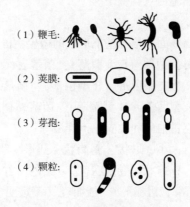

（1）鞭毛:

（2）荚膜:

（3）芽孢:

（4）颗粒:

图2-15　细菌的特殊结构

芽孢是有些细菌菌体内产生的特殊结构。产生芽孢的细菌，称为产芽孢杆菌。芽孢的长度一般为1~5μm，宽度为0.5~1μm。成熟芽孢在光学显微镜下观察，表现出很强的折光性。芽孢不易被染料染色，需要用特殊的染色方法才能染色。先用5%孔雀绿染（载玻片上加热至沸），水洗后再用0.5%沙黄复染，此时芽孢为绿色，菌体为红色。由于芽孢核心区含水量极低，芽孢具有很强的抗热、抗干燥、抗辐射和抗化学物质（如溶菌酶、蛋白酶、表面活性剂）和抗静水压的能力。一般地，菌体内不含芽孢的细菌，经80℃、10min（或75℃ 20min）热处理后全部被杀死，含芽孢的细菌却能活下来。食品中常见的能产生芽孢的主要有芽孢杆菌属、梭状芽孢杆菌属、脱硫肠状菌属等。芽孢的产生需要一定的条件。比如芽孢杆菌属在有氧和锰盐存在的条件下易形成芽孢，而在含大量葡萄糖的培养基中芽孢出现缓慢且芽孢形成率低。菌体大小、芽孢在菌体内的位置和形状，是重要的细菌分类依据。

有些芽孢杆菌（如苏云金芽孢杆菌）在芽孢旁生有蛋白质晶体（苏云金芽孢杆菌的呈近菱形），比芽孢稍小，是能杀死一些昆虫的毒素，称作伴孢晶体。能被苯酚复红染成红色，此时游离芽孢为透明红色圈样。

细菌的运动通常靠鞭毛。需要用特殊染色方法才能在光学显微镜下观察到。由于它太细，需要用丹宁黏住，使之加粗，然后才能观察。鞭毛是从细菌菌体细胞膜延伸出来的丝状蛋白质物质。生在细胞一端的或两端的，称作端生，菌体表面全身分布的称作周生。鞭毛是细菌的运动器官，是重要的分类依据。沙门菌、大肠杆菌等很多细菌有周生鞭毛。

端生鞭毛属于水生型细菌所有，如假单胞菌；周生鞭毛属于陆生型细菌所有，如肠杆菌科细菌。从端生鞭毛到周生鞭毛之间还有过渡类型：侧生鞭毛。有的细菌则兼有端生和周生两种鞭毛，如副溶血性弧菌在蛋白胨水中培养时为端生鞭毛，而在固体培养基上培养时为周生鞭毛。气单胞菌和产碱菌也有类似情况。

荚膜是细菌菌体周围产生的多糖类物质，易被水洗掉，不易被染色。可用碳粒放在细胞悬液中，看到荚膜周围的碳粒环。荚膜内有时有一个菌体，有时有多个菌体，形成菌胶团。有的细菌荚膜含有其他成分如多肽、蛋白质等。肺炎克雷伯菌、产气荚膜梭菌等有很厚的荚膜。大肠杆菌的 K 抗原就是酸性多糖，是微荚膜。

有时在细菌体内见到折光性很强的颗粒分散在菌体内，叫类脂体（聚 β-羟丁酸盐）。有时分布在杆菌的两端。也是细菌分类的依据。类脂体颗粒一般呈球形，大小不一、明亮、一个细胞内不止一个。而芽孢在一个细胞内只有一个。

4. 菌落

菌落是由一个或多个微生物在固体培养基上形成的微生物群体。根据细菌菌落表面特征不同，可将菌落分为 3 种：①光滑型菌落（S 型菌落）：菌落表面光滑、湿润、边缘整齐。新分离的细菌大多呈光滑型菌落；②粗糙型菌落（R 型菌落）：菌落表面粗糙、干燥、呈皱纹或颗粒状，边缘大多不整齐；③黏液型菌落（M 型菌落）：菌落黏稠、有光泽、似水珠样。多见于厚荚膜或丰富黏液层的细菌如克雷伯菌和地衣芽孢杆菌等。

可描述的菌落的形态特征有大小、形状（露滴状、圆形、菜花样、不规则等）、突起或扁平、凹陷、边缘（光滑、波形、锯齿状、卷发状等）、颜色（红色、灰白色、黑色、绿色、紫色、无色、黄色等）、表面（光滑、粗糙等）、透明度（不透明、半透明、透明等）和黏度等（图 2-16）。

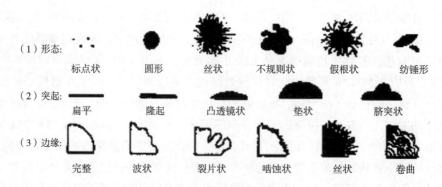

（1）形态：　标点状　圆形　丝状　不规则状　假根状　纺锤形

（2）突起：　扁平　隆起　凸透镜状　垫状　脐突状

（3）边缘：　完整　波状　裂片状　啮蚀状　丝状　卷曲

图 2-16　细菌菌落特征

菌落的形状可帮助大致判断菌体有无特殊结构。在营养琼脂上，无鞭毛的微生物往往形成的菌落小、厚、边缘圆整；有鞭毛的往往形成的菌落大、薄，有时边缘不整；有芽孢的微生物和丝状菌形成的菌落表面粗糙，有芽孢的形成的菌落经常多褶、不透明，外形和边缘也不规则。有的微生物如凝结芽孢杆菌和有些丝状菌不容易从固体培养基上挑起。荚膜厚的菌如克雷伯菌形成大而黏的菌落，很容易与微荚膜的细菌如大肠杆菌相区别。

菌落的颜色也可帮助判断有无特殊菌。沙雷菌产生红棕色色素，绿脓杆菌经常产生绿色色素，金黄色葡萄球菌在血平板形成金黄色菌落，阪崎肠杆菌也产生黄色色素。

掌握好这些因素在检验中很有用，可以对实验菌有一个初步认识。

（二）细菌的染色

1. 培养物涂抹标本的制作

固体培养物标本的制作：用灭菌的接种环取一滴生理盐水置载玻片中央，将接种环在酒精灯火焰中烧灼灭菌，将烧灼的接种环冷却一下再蘸取培养物少许，于载玻片上的生理盐水中涂匀，涂成约 $1cm^2$、薄厚适宜的抹面，自然干燥。

液体培养物标本的制作：用灭菌冷却的接种环取几环液体培养物置载玻片中央，然后涂成约 $1cm^2$、薄厚适宜的抹面即可。

2. 细菌染色法

（1）不染色　不染色直接观察细菌的运动情况。细菌未染色时无色透明，在显微镜下主要靠细菌的折光率与周围环境的不同来进行观察。有鞭毛的细菌运动活泼。李斯特菌、弯曲菌等活菌各有特征鲜明的形态和运动方式，具有鉴定意义。检验中一般用压滴法。

压滴法用接种环取一环菌悬液置于洁净载玻片的中央，在菌悬液上轻轻盖上一盖玻片，注意避免产生气泡并防止菌悬液外溢，静止数秒钟后及时在高倍镜下明视野（或暗视野）观察。

（2）单染法　只用一种染料将细菌培养物染色后观察细菌的方法。根据染色对象把菌细胞在染液中泡置一分钟至数分钟或一段时间后，轻轻用水流清洗多余染液，晾干或用滤纸吸去水分后，在显微镜下观察。可根据细菌的形状、大小、特殊结构、排列及染色特性等初步鉴别各种细菌。由于大多数细菌胞质内含有酸性物质，可与碱性染料结合，故常用吕氏美蓝、结晶紫和稀释苯酚复红等染液染色。

（3）复染法　一般用两种或两种以上不同染料可将细菌染成不同的颜色，除可观察细菌的大小、形态与排列外，还反映出细菌染色特性，具有鉴别细菌种类的价值。检验中常用革兰染色法。根据这种染色结果，将细菌分为两类：革兰阳性菌和革兰阴性菌。染色过程如下：①将菌悬液涂片经火焰固定，加结晶紫染液染 1min，清水冲去；②加卢戈氏碘液助染 1min，水洗；③用 95% 乙醇脱色，轻轻摇动约 30s，至无紫色洗落为止，水洗；④加沙黄染液数滴进行复染，1min，水洗；⑤干燥后显微镜下镜检观察结果。革兰阳性菌染成紫色，革兰阴性菌为红色。革兰染色原理的有一种说法是细胞壁结构学说：革兰阳性菌细胞壁结构致密，肽聚糖层厚，乙醇不容易透入且易被溶解，阻碍结晶紫和碘的复合物渗出。革兰阴性菌细胞壁结构疏松，肽聚糖层薄，乙醇容易透入且易被溶解，结晶紫和碘的复合物容易溶出而脱色。

（4）负染色法　背景着色而菌体本身不着色的染色为负染色法。最常见的是墨汁负染色法，用来观察细菌荚膜。

（5）荧光染色法　经荧光素染色的细菌，或荧光素标记的荧光抗体与相应抗原的细菌结合形成的复合物，在荧光显微镜下发出荧光。

（三）显微镜观察技术

染色后制成的涂片可以在显微镜下观察。

1. 一般观察

把染色好的片子放到载物台固定好，调节好光源（使用油镜时上调集光器，使光圈放大）。先用低倍镜观察，根据细胞分布密度确定视野，再用油镜仔细观察（100 倍物镜）。放大倍数等于目镜放大倍数乘以物镜放大倍数。用毕，用擦镜纸蘸少许二甲苯擦拭油镜；用物镜旋转盘使高倍物镜镜头不对准光通路；集光器下调。

2. 暗视野标本的制作及检查法

暗视野显微镜的集光器下方有一遮光板，以阻断来自反光镜中部的光柱，使光线不能直接通过集光器中部射入镜筒，而只能以集光镜的四周边缘斜角反射到标本上，由于散射的作用，使标本发出亮光。其标本制备及检查方法如下。

（1）用灭菌接种环取被检材料一滴置载玻片中央，在液滴上轻压盖玻片，做成压滴标本。

（2）将暗视野集光器上调与载物台平行，然后在集光器上滴加香柏油一滴，并将集光器稍微下降。

（3）置被检标本片于载物台上，将集光器上调，使香柏油和载玻片的压滴接触，于载玻片上加香柏油一滴，最好用暗视野油镜检查。

（4）当被检标本中有细菌存在时，则反射的光线通过镜筒到达目镜，在暗视野中可见到好似闪亮的小玻璃珠样的菌体。

（5）镜检完毕，关灯，将集光器放下，把镜头提高，用擦镜纸拭去物镜与集光器上的香柏油，其标本片放于消毒液中。

3. 细菌大小的测量

测量细菌大小的装置称为测微尺，它由两部分组成：一是目镜测微尺（图2-17），二是镜台测微尺（图2-18）。

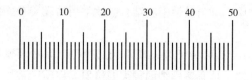 

图2-17　目镜测微尺　　　　图2-18　载物台测微尺（黑处刻度过密）

目镜测微尺：为一个圆形玻片，在玻片中央把5mm长度刻成50等分，或把10mm长度刻成100等分。由于放大作用，在测量细菌大小之前，必须要用镜台测微尺来确定目镜测微尺每一个小格所指示的长度。使用时将目镜测微尺装入目镜的镜筒内。

载物台测微尺：在载玻片的中央，有一圆形小玻片，在上面刻有100个小格，每一小格的长度为$10\mu m$，其全长为1mm。使用时放在载物台上。用来标定目镜测微尺所指示的每一格的实际长度。

标定时，将载物台测微尺放在载物台上，将目镜测微尺放在目镜中。用油镜观察，对准焦距，视野中看清镜台测微尺的刻度后，转动目镜，使目镜测微尺与物镜测微尺的刻度平行，移动推动器，使两尺重叠，再使两尺的"0"刻度完全重合（左侧对齐），定位后，仔细寻找两尺第二个完全重合的刻度，计数两重合刻度之间目镜测微尺的格数和镜台测微尺的格数。此时：

目镜测微尺每格长度＝载物台测微尺格数×$10\mu m$/目镜测微尺格数

例如：目镜测微尺的7个小格与载物台测微尺的1个小格重叠时，则目镜测微尺1个小格的值为$x=10/7=1.43$，即1个小格为$1.43\mu m$。然后，取下载物台测微尺，放上欲测标本，检查标本上的细菌的长或宽相当于目镜测微尺的几个小格，乘以$1.43\mu m$即为菌体的长或宽。

二、培养基制备技术

（一）培养基及培养基的种类

1. 培养基

培养基就是微生物的食物。微生物生长繁殖所需要的营养可分为碳源、氮源、无机盐、生长因子、水及能源。由于微生物分别生活在不同的自然环境中，不同微生物对营养物质的需求是不完全一样的，因此要根据不同微生物的营养需求和生理生化试验的需要配制不同的培养基。

水：是最重要的营养。水提供了地球上一切生命活动的场所。生物体内的化学反应大都在水环境中进行。

碳源：单糖、双糖、三糖及多糖（淀粉、纤维素、几丁质等）。还有有机酸如：柠檬酸、苹果酸、丁二酸等。它们是微生物的能量来源并提供碳骨架。有时脂肪也能提供能量和碳源。微生物能分解脂肪，但不需要脂肪。如大肠杆菌在含棕榈酸的培养基中经过很长时间的延滞期后，就能生长。大肠杆菌一般至少能分解 6~18 个碳的脂肪酸。

氮源：有机氮源有蛋白质、嘌呤、氨基酸和胺类。其中蛋白质也可作为碳源被微生物利用。无机氮源有尿素、硝酸盐、亚硝酸盐和铵盐等。

硫源：存在于胱氨酸、甲硫氨酸，也以硫酸盐等无机盐形式加入。

磷源：存在于核酸、磷脂、肽聚糖、ATP、GTP、NAD、FAD^+ 等。常以无机盐形式加入。

矿物质：细菌生长需要的元素有 K、Ca、Mg、Fe、Zn、Cu、Co、Mn、Mo、Se、W、Ni、S、P。除需盐菌外，其他微生物不需要 NaCl。矿物质大多数是酶活力的关键因素。酶的辅助因子有 K^+、Ca^{2+}、Mg^{2+}、Fe^{2+}、Fe^{3+}，Zn^{2+}、Cu^{2+}、Co^{2+}、Mn^{2+}、MoO_4^{2-}、SeO_3^{2-}、WO_4^{2-}、Ni^{2+}。

生长素：包括维生素、氨基酸、脂类、嘌呤、嘧啶等。维生素是许多细菌生长需要的，一般用酵母膏提供维生素。有的微生物不需要。

蛋白胨、牛肉膏及酵母膏是配制培养基经常使用的重要材料。它们的性能如表 2-1 所示。

表 2-1　　　　　　　　　　配制培养基的重要材料及性能

材料名称	来源	主要成分	作用	缺点	备注
蛋白胨	酪蛋白、肉类、明胶等蛋白质经过酸、碱或酶的水解而成	多肽和氨基酸	微生物很好的氮源	缺乏色氨酸	其成分与来源和制作方法有关
牛肉膏	由新鲜而没有脂肪的牛肉加工制成	多肽、氨基酸、核苷酸、有机酸、糖类、矿物质、维生素	氮源、能源、矿物质营养、磷酸盐	制作过程中大部分还原糖、氨基酸被破坏	新鲜自制牛肉汁较好
酵母膏	酵母菌的水溶性自溶物经过浓缩制成	含有多种维生素；有 18 种氨基酸，谷氨酸含量最高，其次是天冬氨酸、丙氨酸、赖氨酸、亮氨酸、甘氨酸等；碳水化合物和糖类物质也很丰富	促进微生物的生长		不是培养任何微生物都需要加酵母膏

配制培养液时，按照所培养微生物的营养要求，配制溶解各类物质。但要注意，培养液应有一个合适的浓度。浓度太低时不能满足微生物生长的需要；浓度过高时，由于渗透压太大也不可能使微生物很好生长。培养基中渗透压的大小是由全部可溶解物质浓度的总和所决定的。微生物细胞本身也有一定的渗透压，细菌细胞的渗透压一般在 $(3.03 \sim 6.06) \times 10^5 Pa$，高的可达 $2.02 \times 10^6 Pa$；真菌菌丝的渗透压在 $(2.02 \sim 4.04) \times 10^6 Pa$，所以真菌一般能在较高的渗透压溶液中生长。常用培养基的渗透压一般在 $5.05 \times 10^4 \sim 1.01 \times 10^6 Pa$。

培养基中的氧化还原条件对微生物的生长和生理活动也有一定的影响。培养基氧化还原势的大小，取决于培养基中氧化和还原物质的多少以及空气的含量。丙酮酸钠是致病菌培养基中常用的氧化还原电位调节剂，利于受伤菌的恢复。

各种微生物都有最适于自己生长的酸碱度（表2-2）。真菌在偏酸性的培养基上生长较好；细菌（硫杆菌除外）和放线菌在中性和略偏碱性的培养基上生长最好。因此配制培养基时要注意调整其酸碱度。

培养基中的蛋白质、氨基酸、磷酸盐等都有缓冲作用，故称缓冲物质。它们可以防止 pH 过快改变。

灭菌也是一个影响培养基质量的重要因素。过滤除菌可保持培养基营养成分的不流失。高压蒸汽灭菌穿透力强，灭菌效果比较好。但也使培养基发生一些不利的变化。

pH 的变化：灭菌后培养基的 pH 一般可下降 0.2~0.3。这是由于培养基中某些成分的分解或氧化，使培养基的酸度增加。

营养成分的变化：灭菌时培养基中的乳糖、蔗糖、麦芽糖和一些复杂的碳水化合物都容易分解而受到一些破坏。最值得注意的是含有葡萄糖的培养基。葡萄糖和其他一些还原糖，在高温时可与培养基中的氨基酸发生美拉德反应（Mailard reaction），形成褐色物质，使糖和氨基酸失效，影响微生物的生长。

产生混浊或沉淀：培养基灭菌后，由于有机物或无机物的变化，很容易产生混浊或沉淀。如果是由肉汤、酵母膏、麦芽汁等配成的天然培养基，则沉淀是由大分子肽凝聚而成的；如果培养基中加有磷酸盐，则可与钙、镁、铁离子形成沉淀，特别是在中性或碱性情况下，更容易形成。

表 2-2   各类微生物生长的最适 pH

微生物	最适 pH	微生物	最适 pH
霉菌	3.0~6.0	白喉杆菌	4.6
酵母菌（驯养型）	5.0~6.0	结核杆菌	6.5~6.8
酵母菌（野生型）	2.5~6.0	根瘤菌	6.8~7.0
放线菌	7.0~8.0	亚硝酸细菌	7.8~8.6
枯草杆菌	6.7	嗜酸乳酸杆菌	5.8~6.6
大肠杆菌	6.5~7.5	硫杆菌	3.0~4.0
固氮菌	7.5	铁细菌	6.8~7.0

以上是有关培养基性能的一般知识。

2. 培养基的种类

培养基的种类按物理性质可分为固体培养基、半固体培养基和液体培养基，是根据培养基中添加的固化剂（一般为琼脂）的含量不同所做成的培养基的软硬程度划分的。同一硬度的培养基由于琼脂的质量有别，需要添加量也不同。固体培养基较硬，微生物可以在上面形成可见菌落，主要用于微生物的分离、计数。其是在液体培养基里加入1.5%~2%的琼脂凝固而成（琼脂质量好时使用量还可以减少）。半固体培养基稍软，大多数细菌可以在里面游动。主要用于观察细菌的运动情况或用于菌种保藏。液体培养基适合于微生物的生理生化研究和菌体的大量培养。一般用于工业化生产获取代谢产物，检验中用于增菌和选择性增菌。各种固体培养基介绍如下。

①斜面培养基：将灭菌后的试管趁热斜放在玻璃棒上，使之凝固成斜面。斜度要适当，使斜面稍从管底的上角开始，斜面不要过短或过长。此种固体培养基通常被用于菌种保存。

②高层培养基：灭菌终了将试管原样直立，使其凝固即可。此种固体培养基在检验中用于动力观察等生理生化试验。

③平板培养基：将灭菌后的琼脂培养基冷却至46℃左右后，向培养皿内倾注，置水平位置稍加旋转，凝固即可。平板培养基主要用于分离培养或群体形态的观察。

培养基的种类按用途又可分为选择培养基、鉴别培养基、种子与发酵培养基。

选择培养基：在培养基中加入某种化学物质，抑制不需要的微生物的生长，选择需要的微生物——目的菌的生长。如培养基中添加胆盐类物质可抑制大多数革兰阳性菌的生长，从而选择革兰阴性菌的生长。在培养基中加入1/5万~1/2万的结晶紫或1/10万的孔雀石绿，可抑制多数真菌和革兰阳性细菌的生长。

鉴别培养基：根据微生物的代谢特点，在培养基中加入某种指示剂或化学药品，用以鉴别微生物的种类。如伊红美蓝培养基含有乳糖以及伊红和美蓝，在此培养基上发酵乳糖的细菌具有紫黑色特征，可大致鉴别出分解乳糖细菌。大肠杆菌在此培养基上菌落一般呈深紫色，并带有金属光泽。因此也可用来大致鉴别大肠杆菌。目前显色培养基就是最典型的鉴别培养基，如在大肠菌群检验中检测 β-D-半乳糖苷酶（该酶可以将乳糖分解），底物一般使用 Xgal（X-β-D-gal，5-溴-4-氯-3-吲哚-β-D-半乳糖吡喃糖苷），该物质被分解后由无色变成蓝绿色，证明具有 β-D-半乳糖苷酶。培养基中还添加革兰阳性菌抑制剂，显色指示大肠菌群存在。

除天然的培养基外都是合成培养基，用于不同用途的微生物的培养、分离和鉴定。

（二）培养基的配制过程及一般要求

1. 称量

称量指按培养基配方比例依次准确地称取后放入容器中。若是合成培养基，使用前应对每一批次进行质量检验。

2. 溶化

溶化指加蒸馏水溶化后倒入容器中。如果配制固体培养基，将称好的琼脂放入已溶化的药品中，再加热溶化。在琼脂溶化的过程中，需不断搅拌，以防琼脂糊底。最后补足所失的水分。

3. 调 pH

在未调 pH 前，先用精密 pH 试纸或 pH 计测量培养基的原始 pH，根据配方要求，如果 pH 偏酸，用滴管向培养基中逐滴加入 1mol/L NaOH 溶液，边加边搅拌，并随时用 pH 试纸测其 pH，直至达到要求的 pH。反之，则用 1mol/L HCl 溶液进行调节。对于有些要求 pH 较精确的微生物，其 pH 的调节可用 pH 计进行。

4. 过滤

过滤指趁热用滤纸或多层纱布过滤，以利结果的观察。一般情况下，这一步可以省去。

5. 分装

按实验要求，可将配制的液体培养基利用瓶口分配器分装入试管内。加琼脂后熔化的培养基可趁热用漏斗分装入试管。分装过程中注意不要使培养基沾在管口或瓶口上，以免引起棉塞污染。有时直接称入三角瓶内加蒸馏水，不需分装。

6. 加塞

培养基分装完毕后，在试管口或三角烧瓶口塞上棉塞或硅胶塞，以阻止外界微生物进入培养基内而造成污染，并保证有良好的通气性能。

7. 包扎

加塞后外包一层牛皮纸，以防止灭菌时冷凝水润湿棉塞，其外再用一道麻绳扎好。用记号笔注明培养基名称、日期。

8. 灭菌

将上述培养基按配方要求高压蒸汽灭菌。如因特殊情况不能及时灭菌，则应放入冰箱内暂存。一些不能加热的试剂如卵黄、抗生素等，待基础琼脂高压灭菌后凉至50℃左右再加入。对于一些不适宜高压灭菌的物质可过滤除菌。

9. 保存

如需要斜面时，放置冷却，使之呈斜面样凝固。培养基灭菌后及时取出冷却置于冰箱冷藏。培养基不应贮存过久，贮存过久易失水，成分也可能发生变化。

三、微生物的分离、纯化与接种技术

（一）微生物的接种技术

1. 接种及接种工具

将微生物的培养物或含有微生物的样品移植到培养基上的操作技术称为接种。微生物的培养、分离、纯化或鉴定、微生物的形态观察及生理研究都必须进行接种。接种的关键是要严格地进行无菌操作，如操作不慎引起污染，则实验结果就不可靠，影响下一步工作的进行。根据待检样品的性质、培养目的和所用培养基种类，采用不同的接种方法。常用的接种工具有接种针、接种环、接种铲、无菌玻璃涂棒、无菌移液管、无菌滴管或移液枪等。

接种针等接种工具用于接种和分离微生物。根据不同用途可做成针状、环状、钩状、刀状和铲状等（图2-19）。接种针由针头和针柄两部分组成。针头由铂金或铬镍合金（细电炉丝）制成，长约7cm。针柄可用玻璃棒或铝管制成，长约20cm。将针头连接在针柄上即成。接种针的头部制成环状即为接种环。常见的接种方式有以下几种（表2-3）。

表2-3		微生物的接种方式	
菌种	培养基	接种工具	接种方法
细菌	固体斜面培养基	接种环	自试管底部向上端轻轻划一直线或之字形曲线
	半固体培养基	接种针	穿刺接种，中心垂直插入，再退回
	液体培养	接种环	液面以下，接触管壁
	平板培养	L形玻璃棒	涂抹

续表

菌种	培养基	接种工具	接种方法
放线菌	斜面	接种环	自试管底部向上端轻轻划一直线或之字形曲线
酵母菌	斜面	接种环	自试管底部向上端轻轻划一直线或之字形曲线
霉菌	斜面、平板	接种钩	点植

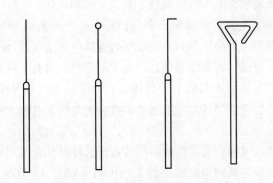

图 2-19 各种常用接种工具

（1）斜面接种法 用接种环（针）挑取单个菌落或培养物，从培养基斜面底部向上划一条直线，然后再从底部沿直线向上曲折连续划线，直至斜面近顶端处止。

（2）穿刺接种法 此法多用于半固体培养基或双糖铁、明胶等具有高层的培养基接种，半固体培养基的穿刺接种可用于观察细菌的动力。接种时用笔直的接种针挑取菌落，由培养基中央垂直刺入至距管底 0.4cm 处，再沿穿刺线退出接种针。双糖铁等有高层及斜面之分的培养基，穿刺高层部分，退出接种针后直接划线接种斜面部分。注意勿使接种针在培养基内左右移动，以使穿刺线整齐，便于观察生长结果。具有运动能力的细菌，经穿刺接种培养后，能沿着穿刺线向外运动生长，故形成菌的生长线粗且边缘不整齐，不能运动的细菌仅能沿穿刺线生长，故形成细而整齐的菌生长线。

（3）平板接种法 即用接种环将菌种划线至平板培养基上，或用移液管将一定体积的菌液移至平板培养基上，然后用 L 形玻璃棒涂布后培养。或用移液管将一定体积的菌液移至平板培养基上，倒入冷却好的液体琼脂培养基混匀，继续冷却后培养。平板接种可用于观察菌落形态、分离纯化菌种、活菌计数以及在平板上进行各种实验。

（4）液体培养基接种法 由菌落接入液体培养基时，用接种环挑取单个菌落，倾斜液体培养管，在液面与管壁交界处研磨接种物（以试管直立后液体淹没接种物为准）。

由液体培养物接种液体培养基时，可用接种环或接种针蘸取少许液体移至新液体培养基。也可根据需要用灭菌吸管、滴管或注射器吸取培养液移至新液体培养基。

接种液体培养物时应特别注意勿使菌液溅在工作台上或其他器皿上，以免造成污染。如有溅污，可用酒精棉球灼烧灭菌后，再用消毒液擦净。凡吸过菌液的吸管或滴管，应立即放入盛有消毒液的容器内。

（二）微生物的分离、纯化技术

从混杂微生物群体中获得同一株微生物的过程称为微生物的分离与纯化。由同一微生物分裂生长而来，且含有某一特殊遗传性质的同一种微生物的培养物称为纯培养物。纯培养物要求菌落形态一致，并具有典型的生化反应。

为获得纯培养物，需要分离混合在一起的细菌。首先使用选择培养基淘汰部分杂菌。其基本原理是选择适合于待分离微生物的生长条件，如营养成分、酸碱度、温度和氧等要求，或加入某种抑制剂造成只利于该微生物生长，而抑制其他微生物生长的环境，从而淘汰一些不需要的微生物。再结合平板分离法进行微生物的分离与纯化。或者使用普通培养基结合平板稀释培养法、平板涂布法或平板划线法等平板分离技术直接分离和纯化。

微生物在固体培养基上生长形成的单个菌落，是由一个细胞或多个细胞繁殖而成的集合体，挑取单菌落有可能获得一种纯培养物。获取单个菌落的方法可通过平板稀释培养法、平板涂布法或平板划线等技术完成。需要注意的是，由于细菌表面常有一层微荚膜而使不同细菌相互粘连，营养上可能又有互补，不同微生物群体生长在平板上的单个菌落大多数不是纯培养物。因此微生物的纯培养物经常要经过一系列的多次分离与纯化过程才能得到。

1. 稀释培养法

稀释法就是用生理盐水等稀释液不断稀释高菌落数的样品，直至用平板法培养时能形成单菌落。先将待分离的菌体做一系列的稀释（如 1:10、1:100、1:1000……），然后分别取一定稀释度的菌液少许与已灭菌熔化并冷却至 46℃ 的琼脂培养基相混合，摇匀后倾入已灭菌的平皿中，待琼脂凝固后保温培养一定时间即可见到平板上长出一些单个分散的菌落，这一菌落有可能是由一个细胞繁殖而成的。

2. 涂布接种法

先制成平板，然后将适量的菌液加到琼脂培养基表面，用灭菌 L 形玻璃棒均匀涂布于平板的表面，使被接种液均匀分布于琼脂表面后直接培养。如菌液浓度合适，经培养后培养基表面可能形成单菌落（图 2-20）。

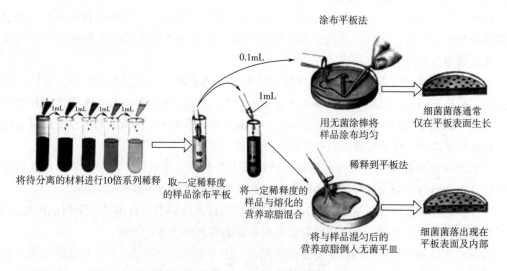

图 2-20　稀释后用平板分离细菌单菌落

3. 划线分离培养法

对混有多种细菌的样品，采用划线分离和培养，使原来混杂在一起的细菌沿划线在琼脂平板表面分离，得到分散的单个菌落，以获得纯菌种。平板划线分离法通常有两种。

（1）分区划线分离法　此法常用于含菌量较多时。先用接种环挑取菌悬液涂抹于琼脂平板1区（占培养基总面积的1/4）并作数条划线，再于2、3、4区依次划线。每划完一个区域，均将接种环烧灼灭菌1次，冷后再划下一区域，每一区域的划线均与上一区域的划线交接1~3次。一个成功分区划线的平板，培养后分别观察1区形成菌苔，2区菌落连成线，3区和4区可分离到单个菌落。

（2）连续划线分离法　此法常用于含菌量不多时。先将接种物在琼脂平板上1/5处轻轻涂抹，然后再用接种环在平板表面曲线连续划线接种，直至划满琼脂平板表面（图2-21）。

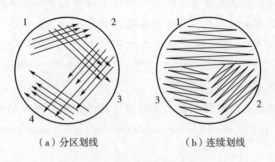

（a）分区划线　　　　　　　（b）连续划线

图2-21　培养基表面划线图

1—第一次划线区　2—第二次划线区　3—第三次划线区　4—第四次划线区

4. 单细胞（单孢子）挑取法

上述方法不能有目的地选取所需要的微生物个体，现还可以采用显微技术，通过显微挑取器选出所需的细胞或孢子。

具体方法是：把显微挑取器安装在显微镜上，用极细的毛细吸管或显微针、钩、环等挑取单个细胞或孢子。若没有显微操作仪，也可以把菌液多次稀释，将一小滴放在显微镜下观察，选取只含一个细胞的该液滴进行培养，可得到分离效果。此法要求一定的装置，操作技术亦有一定难度，多限于高度专业化的科研中采用。

当平板上的培养物起初看起来是纯菌落，但随着培养时间的延长，菌落分成两块，说明菌落不纯。细菌鉴定时出现的许多错误归咎于所分离的菌落不纯。除多次重复以上技术以外，微生物实验中为了保证纯培养，还需要采取措施避免其他杂菌介入，进行无菌操作。如无菌室或超净台的使用、酒精灯的使用、灭菌等。

思考题

1. 食品微生物检验室对环境和人员有哪些基本要求？

2. 简述高压灭菌锅的工作原理和使用注意事项。

3. 食品微生物检验中常用的均质器有哪两种？各自优缺点是什么？

4. 什么是无菌技术？都有哪些常用的无菌技术？

5. 无菌室的使用与管理注意事项有哪些？

6. 什么是微生物的数码鉴定？

7. 湿热法灭菌和干热法灭菌分别指什么？

8. 常见的细菌形态有哪些？细菌总是保持同一种形态吗？

9. 什么是革兰阳性菌？什么是革兰阴性菌？两者在细胞壁上有哪些区别？说说革兰染色步骤。

10. 描述细菌的主要细胞结构。如何在显微镜下观察芽孢和荚膜？

11. 在显微观察时如何找到合适的视野？

12. 细菌染色常用染料有哪些？

13. 微生物培养基的主要营养要素有哪些？为什么培养基中一般添加一定浓度的氯化钠？

14. 举例说明什么是选择培养基，什么是鉴别培养基。

15. 描述培养基配制的一般过程。如果在配制过程中忘记调节酸碱度可能会出现什么结果？

16. 描述几种常见的接种方法。

17. 什么是微生物的分离和纯化？说出几种微生物的分离和纯化的方法。

参 考 文 献

［1］Maeligan. 微生物生物学［M］. 杨文博译. 8 版. 北京：科学出版社，2001.

［2］冯树异. 医学微生物学［M］. 北京：人民卫生出版社，2000.

［3］周德庆. 微生物学教程［M］. 3 版. 北京：高等教育出版社，2011.

食品微生物生化试验与抗原–抗体反应

第一节　微生物生化试验

一、与糖源类有关试验

（一）糖及糖醇类分解实验

糖及糖醇类分解实验用于观察细菌对不同糖源的利用情况，以及利用糖源产酸（产酸用酸碱指示剂观察）及产气（倒管观察）情况。不同细菌对糖及醇类物质的分解能力不同。有的能分解多种糖及糖醇，有的仅分解少数种类的糖或糖醇。有的细菌除分解某种糖类物质时还产生二氧化碳、氢气等气体，有的细菌不能分解糖类物质。因此该实验可用于细菌鉴定。

常用糖源类有葡萄糖、乳糖、蔗糖、木糖、阿拉伯糖以及甘露醇、卫矛醇、山梨醇等糖醇类物质。试验时麦芽糖、木糖和阿拉伯糖需要过滤除菌，临用时加入。

（二）三糖铁试验

培养基中除其他营养物质外还含有葡萄糖、乳糖和蔗糖，而且含有少量硫酸亚铁和酚红。制成斜面，进行深层穿刺和斜面划线。用于检查细菌利用糖、产硫化氢和产气的能力。

培养基中葡萄糖含量少，乳糖和蔗糖多。由于对糖的利用不同等原因，不同细菌在底层产酸、斜面产酸、产生硫化氢和产气上有不同表现。在这三种糖中，由于葡萄糖的阻遏作用，细菌首先利用葡萄糖。底层产酸变成透明黄色，表明能发酵葡萄糖。斜面产酸变黄表明至少能有氧利用乳糖和蔗糖中的一种。有氧利用葡萄糖时，在斜面上表现不出来。这是因为细菌斜面上进行有氧呼吸，培养基中少量葡萄糖被彻底氧化变成二氧化碳和水，不足以改变指示剂的颜色。而产气的细菌因产生许多气泡可使培养基裂开。由于培养基含铁，产硫化氢的斜面会变黑。产酸通过指示剂变黄表现出来。或者细菌利用蛋白胨中的氨基酸脱羧作用，产生碱性物质使斜面碱性更强，红色加深。斜面和底层皆不变色者为不能利用这三种糖的细菌。

部分细菌在三糖铁上的反应如下：大肠杆菌能分解葡萄糖产酸产气，大多数能分解乳糖，不产生硫化氢，培养基全部变黄；志贺菌都能分解葡萄糖，产酸不产气，大多不发酵乳糖，不产生硫化氢，培养基斜面为红色，底部黄色；沙门菌能分解葡萄糖，不发酵乳糖，大多数产生硫化氢，培养基斜面为红色，底部变黑。

（三）ONPG 试验

ONPG 试验用于测定 β-半乳糖苷酶。乳糖发酵菌和迟缓发酵者为阳性反应。非乳糖发酵菌为阴性反应。迟缓发酵者需要1%乳糖诱导，产生 β-半乳糖苷渗透酶后才能利用乳糖。

大肠杆菌产生 β-半乳糖苷酶和 β-半乳糖苷渗透酶。后者在细胞膜上，送乳糖进入细胞内。前者在细胞内。邻硝基酚 β-D-半乳糖苷（ONPG）不需要 β-半乳糖苷渗透酶，可迅速进入细胞，被细胞内的 β-半乳糖苷酶分解为半乳糖和酸性条件下显色的邻硝基酚（图3-1）。乳糖迟缓发酵者缺乏 β-半乳糖苷渗透酶，但有 β-半乳糖苷酶，因此 ONPG 试验也呈阳性。

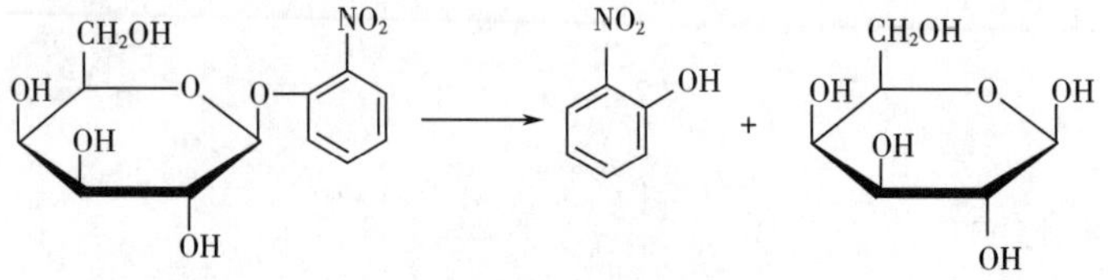

（1）邻硝基酚-β-D半乳糖苷　　（2）邻硝基酚　　（3）半乳糖

图3-1　邻硝基酚-β-D 半乳糖苷分解反应

（四）七叶苷分解试验

七叶苷分解试验用于检查细菌利用七叶苷的能力。七叶苷被细菌分解成七叶亭（6，7-二羟基香豆素）。七叶亭与柠檬酸铁铵中的铁反应产生黑色物质。

（五）甲基红试验（MR 试验）

甲基红试验（MR 试验）用于检查细菌分解葡萄糖时的代谢产酸情况。大肠杆菌等一些肠杆菌科细菌分解葡萄糖为丙酮酸后，继续把丙酮酸分解为乳酸、乙酸和甲酸，酸度增高，其 pH 保持在4.5（甲基红的变色范围4.4~6.0）以下，呈红色，为阳性。有的细菌把产生的酸进一步转化为其他物质，如醇、酮、醛和气体或继续分解产生更多的二氧化碳，酸度升到 pH 6.0以上，呈黄色，为阴性。

（六）VP 试验（2，3-丁二醇发酵）

有些肠杆菌科细菌如克雷伯菌分解葡萄糖为丙酮酸后，使丙酮酸脱羧，缩合为乙酰甲基甲醇。乙酰甲基甲醇在碱性条件下，被 α-萘酚氧化成二乙酰，二乙酰与蛋白胨里的精氨酸所含胍基作用，生成红色化合物。有时需长时间来观察变色（4h）（图3-2、图3-3）。

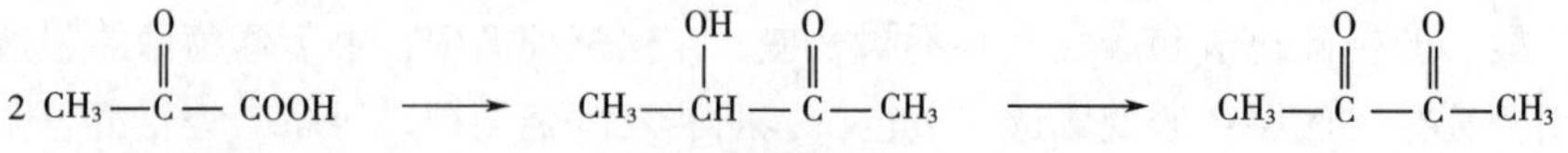

（1）丙酮酸　　　　　（2）乙酰甲基甲醇　　　　　（3）二乙酰

图3-2　丙酮酸脱羧及其产物的氧化反应

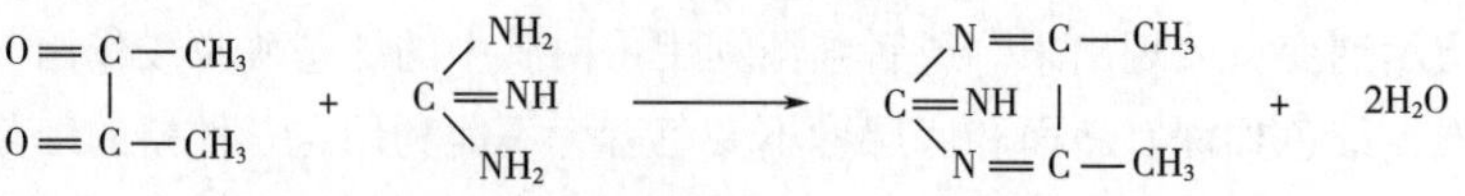

（1）二乙酰　　　（2）胍　　　（3）红色化合物

图3-3　二乙酰显色反应

二、尿素、氨基酸和蛋白质有关试验

（一）分解尿素试验

分解尿素试验用于检查细菌分解尿素的能力。

能产尿素酶的细菌如变形杆菌，水解尿素为氨气和二氧化碳（图3-4）。二氧化碳以气体形式放出，部分氨气溶于水呈碱性使酚红变红。培养基 pH 为 7.2。需用不含尿素的相同培养基做对照。

$$O=C\underset{NH_2}{\overset{NH_2}{\diagdown}}\quad（尿素）\ +\ 2H_2O\ \xrightarrow{尿素酶}\ 2NH_3\ +\ CO_2\ +\ H_2O$$

图3-4　尿素水解反应

（二）氨基酸脱羧酶试验

氨基酸脱羧酶试验用于检查细菌利用氨基酸的能力。

有的细菌产生氨基酸脱羧酶，可以把氨基酸分解为二氧化碳和胺，使培养基显碱性（图3-5）。它是诱导酶，细菌只有在有特异底物的酸性环境中才产生该酶。该过程是在厌氧条件下进行的，要注意用灭菌液体石蜡密封。肠杆菌科细菌都能使葡萄糖在 $10\sim12h$ 内发酵产酸（加葡萄糖的目的在于制造酸性环境），使溴甲酚紫由紫变黄。但氨基酸脱羧后，又由黄变紫。培养结束后对照应为黄色，对照为紫色时反应无效（分解蛋白产碱）。

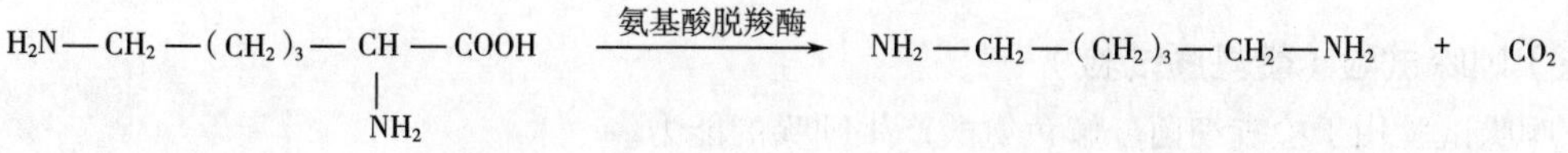

$$H_2N—CH_2—(CH_2)_3—\underset{NH_2}{\overset{}{CH}}—COOH\ \xrightarrow{氨基酸脱羧酶}\ NH_2—CH_2—(CH_2)_3—CH_2—NH_2\ +\ CO_2$$

（1）赖氨酸　　　　　　　　　　　　　　　（2）尸胺

图3-5　赖氨酸脱羧反应

（三）精氨酸双水解试验（图3-6、图3-7）

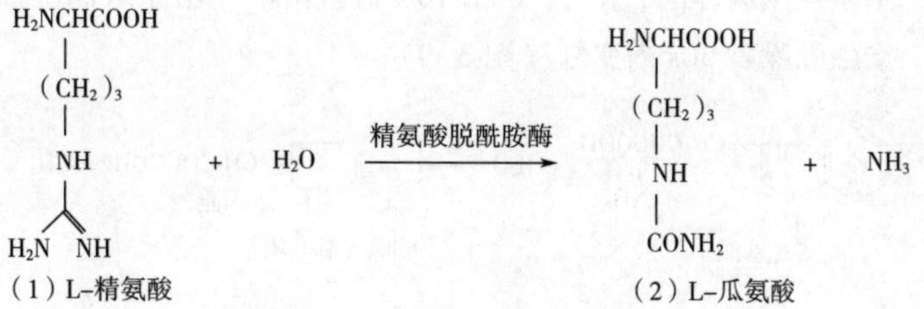

$$\begin{array}{c}H_2NCHCOOH\\ |\\ (CH_2)_3\\ |\\ NH\\ |\\ H_2N\diagup\diagdown NH\end{array}\ +\ H_2O\ \xrightarrow{精氨酸脱酰胺酶}\ \begin{array}{c}H_2NCHCOOH\\ |\\ (CH_2)_3\\ |\\ NH\\ |\\ CONH_2\end{array}\ +\ NH_3$$

（1）L-精氨酸　　　　　　　　　　　　　（2）L-瓜氨酸

图3-6　精氨酸水解反应

有的细菌利用精氨酸脱羧酶解酸，但有的细菌有精氨酸双水解产碱的途径。精氨酸脱酰胺酶、瓜氨酸酶、鸟氨酸脱羧酶参与精氨酸的脱氨和脱羧，完成精氨酸双水解。使用 Thornley 培养基：蛋白胨 1g，氯化钠 5g，磷酸氢二钾 0.3g，琼脂 6g，酚红 0.01g，L-精氨酸 10g，蒸馏水 1000mL，pH $7.0\sim7.2$，分装试管，培养基高度 $4\sim5cm$，121℃灭菌 15min。用幼龄菌种穿刺接种，并用灭菌凡士林油封管，适温培养 3d、7d、14d 观察。以不含 L-精氨酸的培养基做对照，

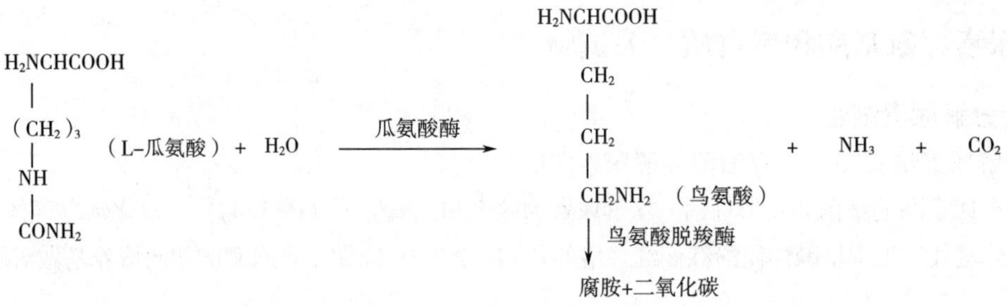

图 3-7　瓜氨酸水解反应

变红色者为阳性。

（四）苯丙氨酸脱氨酶试验

苯丙氨酸脱氨酶试验用于检查细菌分解苯丙氨酸产生苯丙酮酸的能力（图 3-8）。

苯丙氨酸脱氨酶能使苯丙氨酸脱氨，成为苯丙酮酸，苯丙酮酸与三氯化铁作用产生绿色物质。变形杆菌产生此酶。

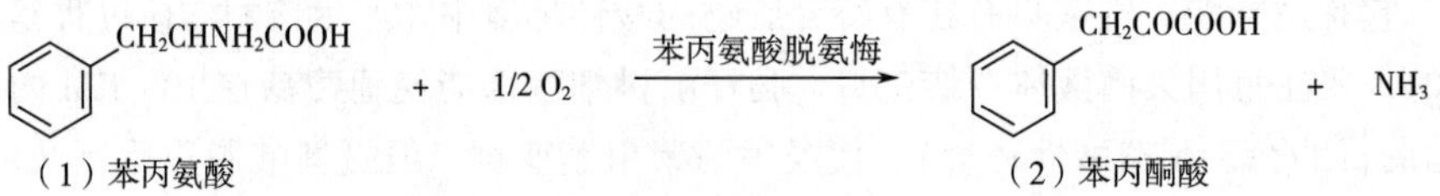

图 3-8　苯丙氨酸分解反应

（五）吲哚试验（靛基质试验）

吲哚试验用于检查细菌分解色氨酸产生吲哚的能力。

有些细菌能分解蛋白胨中的色氨酸，产生吲哚。吲哚与对二甲氨基苯甲醛结合形成玫瑰色的玫瑰吲哚。注意培养基中不能含葡萄糖。产生吲哚者大多能发酵糖类，利用糖时不产生吲哚。色氨酸酶活性最适 pH 范围是 7.4~7.8，pH 过低或过高，产生吲哚少，易出现假阴性。另外，本反应在缺氧时产生吲哚少。也可加少量乙醚，振摇，收集吲哚，再加试剂。有快速检验法：称取 1g 对-二甲基氨基肉桂醛，溶于 10mL 10% 盐酸溶液。用滤纸润湿该试剂，上面放一菌环菌落培养物，产生吲哚者 30s 内变红（图 3-9）。

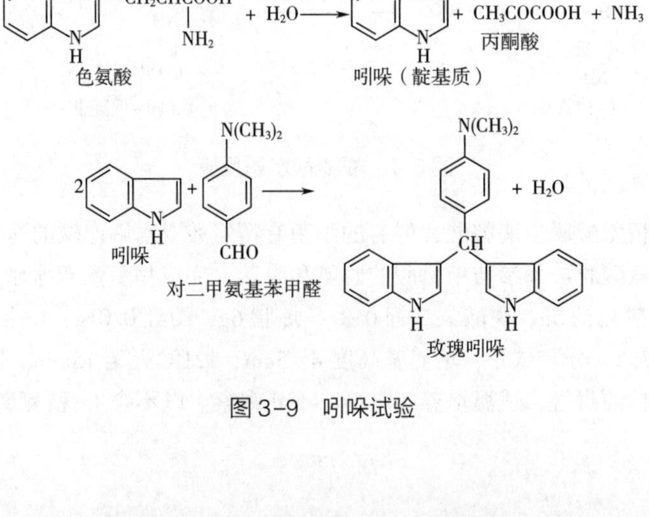

图 3-9　吲哚试验

三、有机酸为唯一碳源试验和葡萄糖铵试验

（一）西蒙氏柠檬酸盐试验

有机酸常常抑制细菌生长。有机酸利用试验可用来检查细胞膜上有无运输该有机酸的蛋白质。此培养基中柠檬酸是唯一有机物，其余成分为铵盐等无机物。当细菌利用铵盐为唯一氮源，并能利用柠檬酸为唯一碳源时，可在西蒙氏柠檬酸盐培养基上生长。

有些细菌能以柠檬酸为碳源生长。柠檬酸被利用时 pH 升高。以溴百里酚蓝为指示剂，有细菌生长时，柠檬酸被利用，最终呈碱性，培养基由绿变蓝。

（二）丙二酸钠试验

有些细菌如亚利桑那菌，能利用丙二酸钠作为碳源，分解成碳酸钠，使培养基呈碱性，溴麝香草酚蓝指示剂变蓝色而被检出。

其他用于唯一碳源试验的有机酸有黏液酸、醋酸、酒石酸等。其中黏液酸、酒石酸最终分解产酸。醋酸试验时生成碳酸盐变碱。

（三）葡萄糖铵试验

有些菌可以利用铵盐做唯一氮源，在只含葡萄糖铵的培养基上生长产酸。生长极少者也应作为阳性。大肠杆菌为阳性，而志贺菌为阴性。用于区分这两种菌。

四、与呼吸有关的酶类试验

（一）氧化酶试验

细胞色素 C 氧化酶即细胞色素 a_3。有细胞色素 C 氧化酶的细菌在有氧情况下，把还原型细胞色素 C 氧化为氧化型细胞色素 C。氧化型细胞色素 C 使二甲基对苯二氨氧化成红色的醌类化合物，进一步与 α-萘酚反应形成细胞色素蓝，呈蓝色。1min 内出现蓝色为阳性，否则阴性。要注意避免铁器介入造成假阳性。

使用四甲基对苯二氨时效果更好，不需要 α-萘酚，直接变成蓝色。阳性者 30s 内变蓝。二甲基对苯二氨容易氧化，在冰箱中可存两周，转红褐色时，不宜使用。四甲基对苯二氨在冰箱中可存一周。本试验最好将菌落涂于滤纸上操作，以免受培养基成分的干扰。

氧化酶试验试纸条快速试验法：将 1.0g 四甲基对苯二氨和 0.1g 抗坏血酸溶解于 100mL 蒸馏水中。将普通滤纸剪成 pH 试纸大小的纸条，浸于此溶液中。取出浸好的纸条放在干净托盘，35℃温箱中干燥后放在棕色瓶中，置于冰箱中保存备用。试验时用铂金丝接种环挑取菌落，涂于试纸条上。10s 内变成蓝紫色为阳性，无颜色反应或 10s 后变色者为阴性。不可用镍铬合金丝，以免造成假阳性。此法使用起来方便快捷，又免去了试验药液氧化变质的麻烦。

（二）氰化钾培养基利用试验

氰化钾培养基利用试验用于检验细菌在含有氰化钾的培养基中能否生长。细胞色素氧化酶是含铁卟啉基团的电子传递蛋白，在电子传递过程中有二价铁离子和三价铁离子的价态变化。触酶、过氧化物酶等也以铁卟啉环为辅基。氰化钾可与铁卟啉环中的铁牢固结合形成铁氰化物，从而抑制其生长。有的细菌则在氰化钾培养基中可以生长。因此用于细菌鉴定。

（三）触酶（过氧化氢酶）试验

细菌在有氧呼吸时产生有害于细菌的过氧化氢，需氧微生物产生过氧化氢酶将其及时分

解，放出氧气，解除毒性（图 3-10）。有的乳杆菌接触过氧化氢后，过一会儿才产生少量气体，应判为阴性。

$$H_2O_2 \longrightarrow H_2O + O_2$$

图 3-10　过氧化氢分解反应

（四）葡萄糖氧化-发酵型试验（O/F 试验）

在两个含 1% 葡萄糖的半固体培养基中穿刺接种后，一个封口，另一个不封口。封口的滴加熔化的凡士林或 1% 琼脂，约 1cm 高。适温培养 2~4d，培养后对比观察封口的和不封口的培养基中产酸情况。氧化型：开口的产酸，封口的不变。表明糖必须通过氧气参与来分解，以获取能量。发酵型：两个管均产酸，表明糖不通过氧气参与就得到分解，获取能量。产碱型：两个管均不变。表明不能利用糖分解来获得能量。这是一种非常重要的细菌分类方法。

五、毒性酶类试验

（一）卵黄分解试验

卵黄分解试验用于检查细菌分解卵黄的能力。

卵黄培养基是一个富含营养的非选择性培养基，用于细菌的鉴定，即鉴定卵磷脂酶和脂酶活力。卵磷脂酶阳性者表现为菌落周围有混浊沉淀。脂酶阳性者菌落表面形成彩虹样或珍珠光彩。另一反应是分解蛋白质，表现为菌落周围有透明圈。

（二）溶血试验

溶血试验用于检查细菌在含有血液的平板上分解红细胞的能力。

有些细菌能分解红细胞产生溶血环。菌落周围形成狭窄的草绿色溶血环时，称作甲型（α）溶血；形成透明溶血环，称作乙型（β）溶血。无溶血作用的称作丙型（γ）溶血。

（三）血浆凝固酶试验

血浆凝固酶试验指产生血浆凝固酶的金黄色葡萄球菌能把血液凝固。致病性葡萄球菌产生血浆凝固酶，能使血浆中的凝血酶原变为凝血酶，凝血酶再使血浆中的纤维蛋白凝固。多数致病性葡萄球菌在 30~60min 使血浆出现明显凝固。

第二节　抗原-抗体反应

一、抗原与抗体

在免疫学发展的早期，人们应用细菌或其外毒素给动物注射，经一定时期后用体外实验证明在其血清中存在一种能特异中和外毒素的称为抗毒素的组分，或能使细菌发生特异性凝集的组分称之为凝集素。其后将血清中这种具有特异性反应的抗毒素组分或凝集素称为抗体，而将能刺激机体产生抗体的物质即细菌或其外毒素称为抗原，由此建立了抗原和抗体的概念。

后来人们认识到抗原不仅刺激机体产生抗体，也可刺激或抑制机体产生细胞免疫，而此时在细胞免疫中不一定能检测到抗体。于是出现了较全面和确切的抗原定义：抗原，是指能够刺激机体产生特异性免疫应答，并能与免疫应答产物抗体和致敏淋巴细胞结合，发生免疫效应的物质。

致敏淋巴细胞指经抗原初次刺激而发生克隆扩增的特异性 T 细胞和 B 细胞（T 细胞和 B 细胞是来源于淋巴细胞系列，在免疫应答过程起核心作用的白细胞）。T 细胞是参与细胞免疫的淋巴细胞，受到抗原刺激后，转化为致敏淋巴细胞，并表现出特异性免疫应答，免疫应答只能通过致敏淋巴细胞传递，故称细胞免疫。免疫过程通过感应、反应、效应三个阶段，在反应阶段致敏淋巴细胞再次与抗原接触时，便释放出多种淋巴因子（转移因子、移动抑制因子、激活因子、皮肤反应因子、淋巴毒、干扰素），与巨噬细胞，杀伤性 T 细胞协同发挥免疫功能。B 淋巴细胞经抗原激活后可分化为浆细胞，产生与其所表达 B 细胞受体具有相同特异性的抗体，介导体液免疫。

抗原的基本能力是免疫原性和反应原性。免疫原性是指能够刺激机体形成特异抗体或致敏淋巴细胞的能力。反应原性是指能与由它刺激所产生的抗体或致敏淋巴细胞发生特异性反应的能力。同时具备免疫原性和反应原性的物质称为完全抗原，如细菌菌体、异种动物血清等。很多只具有反应原性而没有免疫原性的有机小分子称为半抗原，如青霉素、磺胺等。半抗原没有免疫原性，不会引起免疫反应。但如果和蛋白质大分子结合以后，就获得了免疫原性而变成完全抗原，刺激 B 细胞产生抗体或 T 细胞应答。

抗原的基本性质具有异物性、大分子性和特异性。异物性是指进入机体组织内的抗原物质，必须与该机体组织细胞的成分不相同。大分子性是指构成抗原的物质通常是相对分子质量大于 10000 的大分子物质，相对分子质量越大，抗原性越强，绝大多数蛋白质都是很好的抗原。特异性是指一种抗原只能与相应的抗体或效应 T 细胞发生特异性结合。抗原的特异性是由分子表面的特定化学基团所决定的，这些化学基团称为抗原决定簇。

决定抗原性的特殊化学基团大多存在于抗原物质的表面，有些存在于抗原物质的内部，需经酶或其他方式处理后才暴露出来。一个天然抗原物质可有多种和多个决定簇。抗原分子越大，决定簇的数目越多。决定簇可进一步细分为两类：①抗原决定簇，作用在 B 细胞上，并可与对应抗体的 Fab 段结合；②免疫原性决定簇，最后作用在 T 细胞上，与细胞免疫有关。抗原物质的这两种决定簇的部位决定着体液免疫和细胞免疫的特异性。

细菌的每一种结构都具有抗原特异性，如有鞭毛的细菌具有鞭毛抗原。细菌的外毒素也是抗原，具有很强的抗原性。细菌外毒素的毒性在酸、甲醛或温和热处理时可能会丧失毒性，但保留其抗原性，成为类毒素。细菌的荚膜也是一种抗原，具有很强的菌型特异性。

抗体是由 B 细胞对抗原应答产生的能与该相应抗原特异性结合的具有免疫功能的糖蛋白。存在于脊椎动物的血清、组织液和黏膜表面。按照抗体的分子大小、结构、电荷、氨基酸组成、含糖量及功能不同的差别，它们被分成 IgM、IgG、IgD、IgA、IgE 5 类。

抗体分子都具有相同的基本结构（图 3-11），即每一个分子都由 4 条链组成，其中两条相同的短链称为轻链，另两条相同的长链称为重链，各链内和各链之间以二硫键（-S-S-）相结合，形成一个"Y"型的四链分子。在"Y"型的四链分子中，轻链和重链都有一段恒定部分，每一类免疫球蛋白的恒定部分的氨基酸组成都是相同的，恒定部分的氨基酸序列是确定免疫球蛋白类型的一个标准。

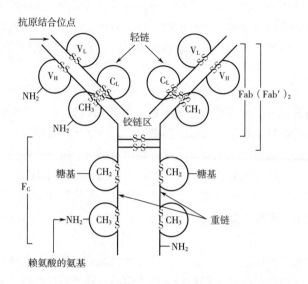

图 3-11 抗体结构模式图

另外轻链和重链都还有一段变化的部分，它们位于"Y"两臂的开口端，这一部分的氨基酸序列各不相同，正是这些变异部分体现了各抗体的特异性。使得多种多样的抗体具有与特定抗原互补结合的部位。另外，在免疫球蛋白分子上还结合了少量的糖类基团。

二、单克隆抗体与多克隆抗体

抗体主要由机体的 B 淋巴细胞合成，每个 B 淋巴细胞合成一种抗体的遗传基因。当机体受抗原刺激时，抗原分子上的许多决定簇分别激活各个具有不同基因的 B 细胞。被激活的 B 细胞分裂增殖形成该细胞的子代，即克隆。如果选出一个合成一种抗体的细胞进行培养，就可得到由单细胞经分裂增殖而形成细胞群，即单克隆。单克隆细胞所合成的抗体即为单克隆抗体。由多种抗原决定簇刺激机体，相应地产生各种各样的单克隆抗体，这些单克隆抗体混杂在一起就是多克隆抗体，机体内所产生的抗体就是多克隆抗体。

三、抗原-抗体反应

因为抗体具有与抗原决定簇相对应的结合部位（抗原结合簇），所以抗体与抗原的结合具有特异性。抗体本身是一种蛋白质，具有本身的氨基酸组成、排列和立体结构。对异种动物来说，它又是抗原，所产生的抗体称为抗抗体。这种抗原与相应抗体特异性结合的反应称为抗原-抗体反应。体外抗原-抗体反应亦称为血清学反应。

由于抗原-抗体之间有特异性结合的特性，所以可用已知抗体检测未知抗原。由于抗体存在于血清中，在抗原的检测中采用血清做试验。

抗体特异性与交叉反应：抗体是特异的，只与相应抗原反应。有时不同抗原之间存在共同的抗原决定簇，或者两个抗原决定簇结构类似能与同一抗体结合，均可出现抗体与不同抗原的交叉反应。一般地，沙门菌 O 抗体只与含有相应 O 抗原的沙门菌发生凝集反应。但有的柠檬酸杆菌菌体可与有的沙门菌 O 抗体发生凝集反应。

抗原-抗体反应条件：加 0.85% 的生理盐水，用于中和电荷；室温即可，37℃ 时最好；pH

在6~8；抗原和抗体比例要合适，在抗原抗体比例相当或抗原稍过剩的情况下，反应最彻底，形成的免疫复合物沉淀最多、最大。轻微振荡可加速凝集。

食品微生物检验中的常见抗原-抗体反应可分为3种类型：可溶性抗原与相应抗体结合所产生的沉淀反应；颗粒性抗原与相应抗体结合所发生的凝集反应；免疫标记的抗原-抗体反应。常规检验中使用的菌体与抗血清作用的反应为凝集反应。细菌毒素检验中由于毒素溶于水且含量较低，利用沉淀反应或乳胶凝集反应进行检测。

（一）凝集反应

颗粒性抗原如细菌细胞与其相应的抗体在电解质参与下特异性地相互结合出现凝集团的现象，称为凝集反应，又称直接凝集反应。将抗原与相应抗体在试管内或凹玻片上混匀，经一段时间即可出现肉眼可见的絮状沉淀颗粒，此即阳性反应。

凝集反应除以上介绍的玻片法外还有间接凝集法。典型的间接凝集试验又称被动凝集反应。基本原理是将可溶性抗体吸附在适当的载体上，使其形成"颗粒性抗体"，从而可使凝集反应便于用肉眼检出。载体材料一般是用聚苯乙烯乳胶微球。乳胶微球直径约0.8μm，对蛋白质、核酸等高分子物质具有良好的吸附性能。利用聚苯乙烯乳胶的微球体作载体，吸附抗体（致敏）后，用于检测相应致病菌的抗原，称为乳胶凝集试验。用血清致敏的乳胶滴到载玻片上，再滴加相应抗原如菌体时1~2min内出现明显凝集。

（二）沉淀反应

可溶性抗原与相应抗体在电解质参与下（在溶液中或凝胶中彼此接触）相互作用，当两者比例适当时，出现肉眼可见的沉淀物，称沉淀反应。细菌毒素检验中常用的有凝胶扩散免疫沉淀反应。抗原与抗体在凝胶中扩散，形成浓度梯度，在两者比例最适合的位置上，形成沉淀线或沉淀环。包括单向扩散沉淀反应和双向扩散沉淀反应。一般使用琼脂扩散试验。

单向琼脂扩散实验（图3-12）：将一定量的抗原（或抗体）成分均匀地分散固定于琼脂凝胶中，制成琼脂板，打孔，然后加入抗体（或抗原，待测血清），孔内抗体（或抗原）向四周呈环状扩散形成浓度梯度环，在抗原与抗体的量达到一定比例时即可形成肉眼可见的沉淀环。当抗体（或抗原）继续从孔内扩散出来，由于抗体（或抗原）过量，先形成的沉淀环溶解，而在距抗原孔较远处再次形成新的沉淀环。随着扩散时间的延长，沉淀环不断溶解与再形成，其直径也不断加大，直到抗原与抗体反应完毕为止。

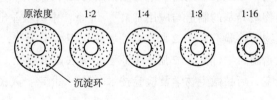

图3-12　单向琼脂扩散实验

双向琼脂扩散是指可溶性抗原和抗体在含有电解质的同一个琼脂凝胶板的对应孔中，各自向四周凝胶中扩散，如果两者相对应，则发生特异性反应，在浓度比例合适处形成肉眼可见的白色沉淀线（图3-13）。

（三）免疫标记的抗原-抗体反应

在检验中一般使用免疫荧光技术、酶联免疫技术、胶体金技术等。这些将在后续章节中介绍。

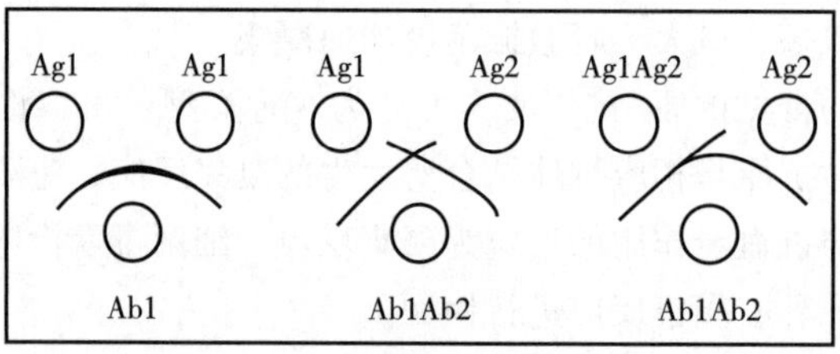

图3-13　双向琼脂扩散试验

思考题

1. 三糖铁试验中都观察和记录哪些现象？这些现象代表什么意义？
2. ONPG 试验测试哪一种酶？
3. 尿素酶反应原理是什么？
4. 在赖氨酸脱羧酶试验中要注意什么？
5. 吲哚试验与哪个氨基酸有关？
6. 氧化酶试验有哪种方便实用的方法？
7. 细菌分解红细胞可产生几种溶血环？
8. 抗原−抗体反应有何特点？
9. 什么是抗原−抗体间的交叉反应？

参 考 文 献

[1] 王钦升，周正明，高屹 . 实用医学培养基手册 ［M］. 北京：人民军医出版社，1999.
[2] 陈天寿 . 微生物培养基的制造与应用 ［M］. 北京：中国农业出版社，1995.
[3] 刘运德 . 微生物学检验 ［M］. 2 版 . 北京：人民卫生出版社，2003.
[4] 姜平 . 兽医生物制品学 ［M］. 2 版 . 北京：中国农业出版社，2000.
[5] 郑均铺，王光宝 . 药品微生物学及检验技术 ［M］. 北京：人民卫生出版社，1989.

第四章

食品微生物检验的基本程序

食品微生物检验的一般步骤包括：样品的采集与送检，检验前的准备与样品的处理，样品的检验和检验结果的报告。

第一节　检验样品的采集

一、采样的一般规则

（1）根据检验目的、食品特点、批量、检验方法、微生物的危害程度等确定采样方案。

（2）应采用随机原则进行采样，确保采集的样品具有代表性。

（3）采样过程遵循无菌操作原则，防止一切可能的外来污染。

（4）样品在保存和运输的过程中，应采取必要的措施防止样品中原有微生物数量的变化，保持样品的原有状态。

二、样品的采集

采样应遵循无菌操作程序，采样工具和容器应无菌、干燥、防漏，形状及大小适宜。

（1）即食类预包装食品　取相同批次的最小零售原包装，检验前要保持包装的完整，避免污染。

（2）非即食类预包装食品　原包装小于500g的固态食品或小于500mL的液态食品，取相同批次的最小零售原包装；大于500mL的液态样品，应在采样前摇动或用无菌棒搅拌液体，使其达到均质后，分别从相同批次的 n 个容器中采集5倍或以上检验单位的样品；大于500g的固态食品，应用无菌采样器从同一包装的几个不同部位分别采取适量样品，放入同一个无菌采样器内，采样总量应满足微生物指标检验的要求。

（3）散装食品或现场制作食品　根据不同食品的种类和状态及相应检验方法中规定的检验单位，用无菌采样器现场采集5倍或以上检验单位的样品，放入无菌采样器内，采样总量应满足微生物指标检验的要求。

（4）食源性疾病及食品安全事件的食品样品　采样量应满足食源性疾病诊断和食品安全事件病因判定的检验要求。

三、采样方案

采样的目的是从大量产品中取出一小部分进行检验以获得有关该批产品情况的报告。采样的样品数和每份样品的大小必须慎重决定以使实验结果有意义。

我国采用了国际微生物学会（International Association of Microbiology Societies，简称 IAMS）的一个分会——国际食品微生物规格委员会（The International Committee on Microbiological Specification for Foods，简称 ICMSF）提出的采样方法，将采样方案分为二级和三级采样方案。二级采样方案设有 n、c 和 m 值，三级采样方案设有 n、c、m 和 M 值。

n：同一批次产品应采集的样品件数；

c：最大可允许超出 m 值的样品数；

m：微生物指标可接受水平的限量值；

M：微生物指标的最高安全限量值。

注 1：按照二级采样方案设定的指标，在 n 个样品中，允许有 $\leq c$ 个样品其相应微生物指标检验值大于 m 值。

注 2：按照三级采样方案设定的指标，在 n 个样品中，允许全部样品中相应微生物指标检验值 $\leq m$ 值；允许有 $\leq c$ 个样品其相应微生物指标检验值在 m 值和 M 值之间；不允许有样品相应微生物指标检验值大于 M 值。

例如：$n=5$，$c=2$，$m=100CFU/g$，$M=1000CFU/g$。含义是从一批产品中采集 5 个样品，若 5 个样品的检验结果均小于或等于 m 值（$\leq 100CFU/g$），则这种情况是允许的；若 ≤ 2 个样品的结果（X）位于 m 值和 M 值之间（$100CFU/g<X\leq 1000CFU/g$），则这种情况也是允许的；若有 3 个及以上样品的检验结果位于 m 值和 M 值之间，则这种情况是不允许的；若有任一样品的检验结果大于 M 值（$>1000CFU/g$），则这种情况也是不允许的。

有关各类食品的具体采样方案（即 n、c、m、M，这些值的确定），应按相应产品标准中的规定执行。

此外，对于食源性疾病及食品安全事件中食品样品的采集，应按照下面两种情况执行。

（1）由工业化批量生产加工的食品污染导致的食源性疾病或食品安全事件，食品样品的采集和判定原则按上述采样方案结合该食品执行的产品标准中的规定执行。同时，确保采集现场剩余食品样品。

（2）由餐饮单位或家庭烹调加工的食品导致的食品安全事件，重点采集现场剩余食品样品，以满足食品安全事件病因和病原确证的要求。

四、送检

采样后，应将样品在接近原有贮存温度条件下尽快送往实验室检验。运输时应保持样品完整。如不能及时运送，应在接近原有贮存温度条件下贮存。送检时应对采集的样品进行及时、准确的记录和标记，采样人应清晰填写采样单（包括采样人、采样地点、时间、样品名称、来源、批号、数量、保存条件等信息），送检报告样单见表 4-1。

表 4-1　　　　　　　　　　　　送检报告单

样品名称			
采集人姓名		采样时间地点	
生产厂家名称及地址、邮编、电话			
样品描述			
采样原因（注明是质检或疾病调查）			
采样温度及环境湿度			

第二节　食品样品的处理

一、检验前准备

（1）准备好所需的各种仪器，如冰箱、恒温水浴箱、显微镜等。

（2）各种玻璃仪器，如吸管、平皿、广口瓶、试管等均需刷洗干净，湿法（121℃，20min）或干法（160~170℃，2h）灭菌，冷却后送无菌室备用。

（3）准备好实验所需的各种试剂、药品，配制好普通琼脂培养基或其他选择性培养基，根据需要分装试管或灭菌后倾注平板，或保存于46℃的水浴锅中或4℃冰箱中备用。

（4）无菌室灭菌；如用紫外灯法灭菌，时间不应少于45min，关灯0.5h后方可进入工作；如用超净工作台，需提前0.5h开机。必要时进行无菌室的空气检验。

（5）检验人员的工作衣、帽、鞋、口罩等灭菌后备用。工作人员进入无菌室后，实验没完成前不得随便出入无菌室。

二、检样的处理原则

（1）实验室接到样品后应认真核对登记，确保样品的相关信息完整并符合检验要求。

（2）实验室应按要求尽快检验。若不能及时检验，应采取必要的措施保持样品的原有状态，防止样品中目标微生物因客观条件的干扰而发生变化。

（3）冷冻食品应在45℃以下不超过15min，或2~5℃不超过18h时解冻后进行检验。

第三节　食品样品的检验与报告

一、食品样品的检验

每种指标都有一种或几种检验方法，应根据不同的食品、不同的检验目的来选择恰当的检验方法。本书重点介绍的是通常所用的常规检验方法，主要参考现行国家标准。若现行食品微生物检验方法标准中对同一检验项目有两个及两个以上定性检验方法时，应以常规培养方法为基准方法；若食品微生物检验方法标准中对同一检验项目有两个及两个以上定量检验方法时，应以平板计数法为基准方法。

除了国家标准外，国内尚有行业标准（如出口食品微生物检验方法），国外尚有国际标准（如 FAO 标准、ISO 标准等）和每个食品进口国家的标准（如美国 FDA 标准、日本厚生省标准、欧盟标准等）。总之应根据客户要求选择相应的检验方法。

检验过程中实验室生物安全应符合 GB 19489—2008《实验室　生物安全通用要求》的规定。

检验的质量控制：实验室应定期对实验用菌株、培养基、试剂等设置阳性对照和空白对照；对重要的检验设备（特别是自动化检验仪器）设置仪器比对；实验室应定期对实验人员进行考核和人员比对。

检验过程中应及时、准确地记录观察到的现象、结果和数据等信息。

二、检验结果的报告

检验完毕，检验人员应及时填写报告单（样单见表4-2、表4-3、表4-4），签名后送主管部门核实签字后加盖公章方可生效，并送交食品卫生监督部门处理或交送检单位。

表4-2　　　　　　　　　　　食品卫生微生物检验结果报告单

送检样品＿＿＿＿＿＿＿　　送检时间＿＿＿＿＿＿＿
送检单位＿＿＿＿＿＿＿　　检测时间＿＿＿＿＿＿＿
检测内容＿＿＿＿＿＿＿
检测报告
感官描述：
细菌菌落总数（SPC）［CFU/mL（g）］：
大肠菌群数［MPN/mL（g）］：
致病菌：
审核：　　　　　　　　检验员：
年　　月　　日

表4-3　　　　　　　　　　　细菌菌落总数（SPC）测定记录

稀释倍数	10 倍	100 倍	1000 倍
Ⅰ皿菌落数/CFU			
Ⅱ皿菌落数/CFU			
平均菌落数/CFU			
结论/［CFU/g（mL）］			

表 4-4 大肠菌群最大可能数 MPN

检样接种量		1g（mL）	0.1g（mL）	0.01g（mL）
试验接种管数		3	3	3
乳糖胆盐发酵产气管数				
伊红美蓝分离试验结果				
证实试验	革兰染色结果			
	复发酵产气结果			
证实试验后阳性管数				
查表结论〔个/g（mL）〕				

三、检验后样品的处理

检验结果报告后，被检样品方能处理。检出致病菌的样品要经过无害化处理。检验结果报告后，剩余样品或同批样品不进行微生物项目的复检。

思考题

1. 在食品微生物检验中，采样时要遵守哪些要求？
2. 在食品微生物检验中，对样品的采集方案有哪些要求？
3. 说明我国所采用的采样方案。
4. 在食品微生物检验中，检验前要做好哪些准备工作？
5. 在食品微生物检验中，对送检样品的处理有哪些要求？

参 考 文 献

〔1〕 GB 4789.1—2016，食品安全国家标准 食品微生物学检验 总则〔S〕.

〔2〕 苏世彦，庄平，陈忘名. 食品微生物检验手册〔M〕. 北京：中国轻工业出版社，1998.

各类食品微生物检验方法及其标准

第一节　食品中菌落总数及其测定

一、食品中的菌落总数概述

（一）菌落总数的概念

菌落（Colony）是指细菌（微生物）在固体培养基发育而形成的能被肉眼所识别的生长物，它是由数以万计的菌体聚集而成的，肉眼可见的细菌（微生物）群落之称，即一个菌或几个菌在固体培养基中于适宜条件下生长成肉眼可以看到的群落。

菌落总数是指被检样品在单位质量（g）、体积（mL）、表面积（cm²）内，能在某种固体培养基上，在一定条件（温度、培养时间）下培养所生成的微生物菌落的总数。

（二）菌落总数与细菌总数的区别

菌落总数主要是作为判定食品被细菌污染程度的指标，也可以应用这一方法观察食品中细菌的性质及细菌在食品中繁殖的动态，以便对被检样品进行卫生学评价时提供科学依据。

菌落总数测定是以检样中的细菌细胞与平板计数琼脂混合后，每个细菌细胞都能形成一个可见的单独菌落的假定为基础的。由于检验中采用 36℃ 于有氧条件下培养（空气中含氧约20%），因而并不能测出每克或每毫升检样中实际的总活菌数，厌氧菌和微嗜氧菌在此条件下不生长，有特殊营养要求的一些细菌也受到了限制，因此所得结果只包括一群能在平板计数琼脂中发育的、嗜中温的、需氧和兼性厌氧的细菌菌落的总数。

鉴于食品检样中细菌细胞是以单个、成双、链状、葡萄状或成堆的形式存在，因而在平板上出现的菌落可以来源于细胞块，也可以来源于单个细胞。所以平板上所得需氧和兼性厌氧菌菌落的数字不应报告为活菌数而应以单位质量、容量或表面积内的菌落数或菌落形成单位数（Colony Forming Units，CFU）报告。

每种细菌都有特定的生理特性。培养时，应用不同的培养条件（如温度、培养时间、pH、需氧性质等）去满足其要求，才能分别将各种细菌都培养出来。要得到较全面的细菌菌落总数，应将检样接种到几种不同的非选择性培养基上，并在不同条件下培养，如温度、氧气供应等。但我国颁发的食品卫生标准对不同食品的菌落总数的规定，都是根据用平板计数琼脂进行需氧培养所得的结果确定的，包括我们已知的致病菌，大多也是在平板计数琼脂上可生长发育的嗜中温性兼性厌氧细菌。因此在食品的一般卫生学评价中并不要求用几种不同的非选择性培养基培养。

（三）卫生学上的意义

细菌菌落总数的测定，可以为食品卫生评价提供一定的科学依据，它可能是肠道菌，也可能是其他污染菌。但并不是说它一定与食品的安全性相关。因为在含菌少的食品中，也可能有病原菌的存在。在某些食品中如腌制食品，若原料不卫生，有产毒菌生存，虽然加工后（腌制、干制）其环境条件不适合其生存，数量减少，检测时菌落数量虽不高但制品内仍保留着细菌毒素，仍然存在对人体不利的因素。因此不能单从细菌菌落总数来判断食品的卫生程度，但细菌菌落总数与食品的变质程度应该说有相关性。

究竟食品中含有多少个菌会变质呢？一般认为食品中含 $10^7 \sim 10^8$ CFU/g（mL）细菌即认为腐败变质了。美国一般认为不论哪种食物中毒菌，其发病菌量一般为 10^5 CFU/g（mL），凡超过 10^5 CFU/g（mL）的食品即可判定为食物中毒的原因食品。

细菌菌落总数是常用的标准，细菌总数的增高常伴随大肠菌群、肠球菌、沙门菌等菌数的升高，如有未烹调的食品中细菌数为 $5\times$（$10^5 \sim 10^6$）CFU/g（mL）时，沙门菌阳性率则为9%，金黄色葡萄球菌为55%。

需氧平板计数（SPC）的目的是查明食品是否曾在微生物易于生长的条件下保藏，它能够通过对培养温度给予更多的注意而得以改进保藏条件。在食品加工监测中20℃和36℃对比计数，发现污染源与冷却和冷冻前的食品温度相关。ISO已推荐应用平板计数琼脂和30℃、3d平板计数。

二、检验前准备

（一）设备和材料

除微生物实验室常规灭菌及培养设备外，其他设备和材料如下：

（1）恒温培养箱　　（36±1）℃，（30±1）℃；

（2）冰箱　2~5℃；

（3）恒温水浴箱　　（46±1）℃；

（4）天平　感量为0.1g；

（5）均质器；

（6）振荡器；

（7）无菌吸管　1mL（具0.01mL刻度）、10mL（具0.1mL刻度）或微量移液器及吸头；

（8）无菌锥形瓶　容量250mL、500mL；

（9）无菌培养皿　直径90mm；

（10）pH计或pH比色管或精密pH试纸；

（11）放大镜或/和菌落计数器。

（二）培养基和试剂

（1）平板计数琼脂培养基；

（2）磷酸盐缓冲液；

（3）无菌生理盐水。

三、检验方法

（一）检验程序

菌落总数检验程序见图 5-1。

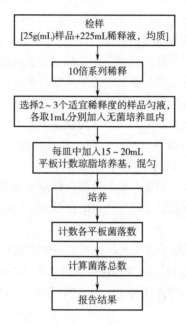

图 5-1　菌落总数检验程序图

（二）具体操作步骤

1. 样品的稀释

（1）固体和半固体样品　称取 25g 样品置盛有 225mL 磷酸盐缓冲液或生理盐水的无菌均质杯内，8000~10000r/min 均质 1~2min；或放入盛有 225mL 稀释液的无菌均质袋中，用拍击式均质器拍打 1~2min，制成 1∶10 的样品匀液。

（2）液体样品　以无菌吸管吸取 25mL 样品置于盛有 225mL 磷酸盐缓冲液或生理盐水的无菌锥形瓶（瓶内预置适当数量的无菌玻璃珠）中，充分混匀，制成 1∶10 的样品匀液。

（3）用 1mL 无菌吸管或微量移液器吸取 1∶10 样品匀液 1mL，沿管壁缓慢注于盛有 9mL 稀释液的无菌试管中（注意吸管或吸头尖端不要触及稀释液面），振摇试管或换用 1 支无菌吸管反复吹打使其混合均匀，制成 1∶100 的样品匀液。

（4）按（3）操作程序，制备 10 倍系列稀释样品匀液。每递增稀释一次，换用 1 次 1mL 无菌吸管或吸头。

（5）根据对样品污染状况的估计，选择 2~3 个适宜稀释度的样品匀液（液体样品可包括原液），在进行 10 倍递增稀释时，吸取 1mL 样品匀液于无菌平皿内，每个稀释度做两个平皿。同时，分别吸取 1mL 空白稀释液加入两个无菌平皿内作空白对照。

（6）及时将 15~20mL 冷却至 46℃的平板计数琼脂培养基［可放置于（46±1）℃恒温水浴箱中保温］倾注平皿，并转动平皿使其混合均匀。

2. 培养

（1）待琼脂凝固后，将平板翻转，（36±1）℃培养（48±2）h。水产品（30±1）℃培养（72±3）h。

（2）如果样品中可能含有在琼脂培养基表面弥漫生长的菌落时，可在凝固后的琼脂表面覆盖一薄层琼脂培养基（约4mL），凝固后翻转平板，按（1）条件进行培养。

3. 菌落计数

（1）可用肉眼观察，必要时用放大镜或菌落计数器，记录稀释倍数和相应的菌落数量。菌落计数以菌落形成单位（CFU）表示。

（2）选取菌落数在30~300CFU、无蔓延菌落生长的平板计数菌落总数。低于30CFU的平板记录具体菌落数，大于300CFU的可记录为多不可计。每个稀释度的菌落数应采用两个平板的平均数。

（3）若平板内有较大片状菌落生长时，则不宜采用，而应以无片状菌落生长的平板作为该稀释度的菌落数；若片状菌落不到平板的一半，而其余一半中菌落分布又很均匀，即可计算半个平板后乘2，代表一个平板菌落数。

（4）当平板上出现菌落间无明显界线的链状生长时，则将每条单链作为一个菌落计数。

（三）菌落计算方法

1. 菌落总数的计算方法

（1）若只有一个稀释度平板上的菌落数在适宜计数范围内，计算两个平板菌落数的平均值，再将平均值乘以相应稀释倍数，作为每1g（mL）样品中菌落总数结果。

（2）若有两个连续稀释度的平板菌落数在适宜计数范围内时，按式（5-1）计算：

$$N = \frac{\sum C}{(n_1 + 0.1n_2)d} \tag{5-1}$$

式中 N——样品中菌落数；

$\sum C$——平板（含适宜范围菌落数的平板）菌落数之和；

n_1——第一稀释度（低稀释倍数）平板个数；

n_2——第二稀释度（高稀释倍数）平板个数；

d——稀释因子（第一稀释度）。

示例：

稀释度	1：100（第一稀释度）	1：1000（第二稀释度）
菌落数（CFU）	232，244	33，35

$$N = \frac{\sum C}{(n_1 + 0.1n_2)d} = \frac{232 + 244 + 33 + 35}{(2 + 0.1 \times 2) \times 10^{-2}} = \frac{544}{0.022} = 24727$$

上述数据按"菌落总数报告注意事项（2）"数字修约后，表示为25000或2.5×10⁴。

（3）若所有稀释度的平板上菌落数均大于300CFU，则对稀释度最高的平板进行计数，其他平板可记录为多不可计，结果按平均菌落数乘以最高稀释倍数计算。

（4）若所有稀释度的平板菌落数均小于30CFU，则应按稀释度最低的平均菌落数乘以稀释倍数计算。

（5）若所有稀释度（包括液体样品原液）平板均无菌落生长，则以小于1乘以最低稀释倍数计算。

（6）若所有稀释度的平板菌落数均不在30～300CFU，其中一部分小于30CFU或大于300CFU时，则以最接近30CFU或300CFU的平均菌落数乘以稀释倍数计算。

2. 菌落总数报告注意事项

（1）菌落数小于100CFU时，按"四舍五入"原则修约，以整数报告。

（2）菌落数大于或等于100CFU时，第3位数字采用"四舍五入"原则修约后，取前2位数字，后面用0代替位数；也可用10的指数形式来表示，按"四舍五入"原则修约后，采用两位有效数字。

（3）若所有平板上为蔓延菌落而无法计数，则报告菌落蔓延。

（4）若空白对照上有菌落生长，则此次检测结果无效。

（5）称重取样以CFU/g为单位报告，体积取样以CFU/mL为单位报告。

第二节　食品中大肠菌群的测定

一、食品中大肠菌群概述

大肠菌群是评价食品卫生质量的重要指标之一，目前已被国内外广泛应用于食品卫生检验工作中。该菌群主要来源于人及温血动物粪便，一般多用来作为食品中的粪便污染指标。

大肠菌群不是细菌学上的分类命名，而是根据卫生学方面的要求，提出来的一组与粪便污染有关的细菌，这些细菌在生化及血清学方面并非完全一致。其定义为：指一群需氧及兼性厌氧、在37℃能分解乳糖产酸产气的革兰阴性无芽孢杆菌。根据靛基质、甲基红、VP、柠檬酸盐、硫化氢、明胶、动力和44.5℃乳糖分解试验等，这群细菌分属于大肠埃希氏杆菌、柠檬酸杆菌、产气克雷伯菌和阴沟肠杆菌等。

大肠菌群是作为粪便污染指标菌而提出来的，主要是以该菌群的检出情况来表示食品是否被粪便污染。粪便是人类和温血动物的肠道排泄物，人类粪便的组成大概为：除水分外，纤维性食品残渣占2/3，微生物菌体占1/3。且其中微生物菌体绝大多数是细菌，以拟杆菌（一种肠道厌氧性细菌）为最多，为$1×10^{10}$CFU/g粪便以上，乳杆菌属$1×10^9$CFU/g粪便，然后是大肠杆菌，约$4×10^8$CFU/g粪便（40亿个菌/g左右），粪链球菌$2×10^8$CFU/g粪便。产气荚膜梭菌等也含有一定数量，但远不及大肠杆菌数。粪便内除一般正常菌外，同时也有一些肠道致病菌存在，如沙门菌、志贺菌、结核杆菌和肠道病毒等。其他动物肠道中大肠杆菌数量也不少，有的则含有大肠菌群中的其他类型菌。由于厌氧拟杆菌是绝对厌氧菌，在体外不能存活，因此粪便中用普通方法检出的主要细菌是大肠杆菌，且粪便排出初期以典型大肠杆菌为主。随后由于时间延长，逐渐向大肠菌群中其他型转位。放置2周后，其他型即占绝对优势。有人研究表明，健康人粪便以典型大肠杆菌为主，而腹泻患者的大肠菌群较其他类型菌有明显的增加。因此单独以大肠杆菌作为指示菌不仅检出方法繁杂且不确切，比不上大肠菌群作为指示菌所具有较好的指示条件和特异性。

（一）粪便污染菌具备的条件与性能

（1）指示菌必须与粪便和病原菌有密切关系。它们正常寄居场所应是人或温血动物的肠道，在正常情况下不应该在检样中存在。

（2）在普通培养基上容易生长，用简单的操作方法即能快速精确地测定出它们的数量。

（3）指示菌与肠道致病菌应有相同的对外界不良因素的抵抗力。

（4）在肠道内占有极高的数量，即使被高度稀释后也能被检出。

（5）检样中即使存在少量菌数时，也能比较容易而且可靠地被检出。

（6）适应 pH 范围较广，才能在食品检验中有意义，即酸性条件下也能被检出。

（二）大肠菌群在食品卫生学上的意义

一般认为，大肠菌群都是直接或间接来自人与温血动物的粪便，从食品中检出大肠菌群即表明食品曾受到人或温血动物粪便的污染。当然粪便有健康人的，也有肠道疾病患者或温血动物的，但不管怎么说，有粪便污染，就存在对人体健康潜在的危险性。据此可以提出一个假设，即食品中检出大肠菌群的细菌，表明该食品有粪便污染，有粪便污染，就可能有肠道致病菌存在，因而也就有可能通过污染的食品引起肠道传染病的流行。实际上这也是一个比较合理的推论。大肠菌群是人类粪便中的主要细菌，具有作为指示菌的一般特性，因而一般被用来反映食品中是否有直接或间接被粪便污染的指示菌。

大肠菌群除在温血动物肠道内生存外，在自然环境水与土壤中也可存在。自然环境水与土壤中生活的大肠菌群培养在适温为 28℃左右，在 37℃培养仍可生长，但 44.5℃时则不再生长。而直接来自粪便的大肠菌群细菌因习惯于 37℃左右生长，若将其培养温度升高至 44.5℃时，也可继续生长。因此习惯上将自然环境中的大肠菌群与粪便大肠菌群区分开来。在 37℃培养生长的大肠菌群，包括粪便内生长的大肠菌群在内，称为总大肠菌群（Total Coliform），而在 44.5℃仍能生长的大肠菌群称"粪便大肠菌群"（Fecal Coliform），粪便大肠菌群在卫生学上更具有重大的意义。据 Geldreich 的调查报告，在人粪便中粪大肠菌群数占总大肠菌群数 96.4%。目前已将粪便大肠菌群改称为耐热性大肠菌群（Thermotoleram Coliform Bacteria）。耐热性大肠菌群包括大肠杆菌（*Escherichia coli*）、克雷伯菌（*Klebsiella*）和肠杆菌（*Enterobacter*）等中的一些种。

二、检验前准备

（一）设备和材料

除微生物实验室常规灭菌及培养设备外，其他设备和材料如下：

（1）恒温培养箱 （36±1）℃；

（2）冰箱 2~5℃；

（3）恒温水浴箱 （46±1）℃；

（4）天平 感量 0.1g；

（5）均质器；

（6）振荡器；

（7）无菌吸管 1mL（具 0.01mL 刻度）、10mL（具 0.1mL 刻度）或微量移液器及吸头；

（8）无菌锥形瓶 容量 500mL；

（9）无菌培养皿 直径 90mm；

（10）pH 计或 pH 比色管或精密 pH 试纸；

（11）菌落计数器。

（二）培养基和试剂

（1）月桂基硫酸盐胰蛋白胨（Lauryl Sulfate Tryptose，LST）肉汤；

（2）煌绿乳糖胆盐（Brilliant Green Lactose Bile，BGLB）肉汤；

（3）结晶紫中性红胆盐琼脂（Violet Red Bile Agar，VRBA）；

（4）无菌磷酸盐缓冲液；

（5）无菌生理盐水；

（6）无菌 1mol/L NaOH 溶液；

（7）无菌 1mol/L HCl 溶液。

三、大肠菌群 MPN 计数法检验方法

（一）检验程序

大肠菌群 MPN 计数的检验程序见图 5-2。

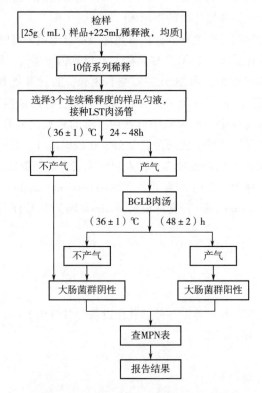

图 5-2　大肠菌群 MPN 计数的检验程序

（二）具体操作步骤

1. 样品的稀释

（1）固体和半固体样品　称取 25g 样品，放入盛有 225mL 磷酸盐缓冲液或生理盐水的无菌均质杯内，8000~10000r/min 均质 1~2min，或放入盛有 225mL 磷酸盐缓冲液或生理盐水的

无菌均质袋中，用拍击式均质器拍打 1~2min，制成 1∶10 的样品匀液。

（2）液体样品　以无菌吸管吸取 25mL 样品置盛有 225mL 磷酸盐缓冲液或生理盐水的无菌锥形瓶（瓶内预置适当数量的无菌玻璃珠）或其他无菌容器中充分振摇或置于机械振荡器中振摇，充分混匀，制成 1∶10 的样品匀液。

（3）样品匀液的 pH 应在 6.5~7.5，必要时分别用 1mol/L NaOH 或 1mol/L HCl 调节。

（4）用 1mL 无菌吸管或微量移液器吸取 1∶10 样品匀液 1mL，沿管壁缓缓注入 9mL 磷酸盐缓冲液或生理盐水的无菌试管中（注意吸管或吸头尖端不要触及稀释液面），振摇试管或换用 1 支 1mL 无菌吸管反复吹打，使其混合均匀，制成 1∶100 的样品匀液。

（5）根据对样品污染状况的估计，按上述操作，依次制成 10 倍递增系列稀释样品匀液。每递增稀释 1 次，换用 1 支 1mL 无菌吸管或吸头。从制备样品匀液至样品接种完毕，全过程不得超过 15min。

2. 初发酵试验

每个样品，选择 3 个适宜的连续稀释度的样品匀液（液体样品可以选择原液），每个稀释度接种 3 管月桂基硫酸盐胰蛋白胨（LST）肉汤，每管接种 1mL（如接种量超过 1mL，则用双料 LST 肉汤），（36±1）℃培养（24±2）h，观察倒管内是否有气泡产生，（24±2）h 产气者进行复发酵试验，如未产气则继续培养至（48±2）h，产气者进行复发酵试验。未产气者为大肠菌群阴性。

3. 复发酵试验

用接种环从产气的 LST 肉汤管中分别取培养物 1 环，移种于煌绿乳糖胆盐肉汤（BGLB）管中，（36±1）℃培养（48±2）h，观察产气情况。产气者，计为大肠菌群阳性管。

4. 大肠菌群最可能数（MPN）的报告

按复发酵试验确证的大肠菌群 BGLB 阳性管数，检索 MPN 表（表 5-1），报告每 1g（mL）样品中大肠菌群的 MPN 值。

表 5-1　　　　　　　　　　　　　最可能数（MPN）检索表

阳性管数			MPN	95%可信限		阳性管数			MPN	95%可信限	
0.1	0.01	0.001		上限	下限	0.1	0.01	0.001		上限	下限
0	0	0	<3.0	—	9.5	2	2	0	21	4.5	42
0	0	1	3.0	0.15	9.6	2	2	1	28	8.7	94
0	1	0	3.0	0.15	11	2	2	2	35	8.7	94
0	1	1	6.1	1.2	18	2	3	0	29	8.7	94
0	2	0	6.2	1.2	18	2	3	1	36	8.7	94
0	3	0	9.4	3.6	38	3	0	0	23	4.6	94
1	0	0	3.6	0.17	18	3	0	1	38	8.7	110
1	0	1	7.2	1.3	18	3	0	2	64	17	180
1	0	2	11	3.6	38	3	1	0	43	9	180
1	1	0	7.4	1.3	20	3	1	1	75	17	200
1	1	1	11	3.6	38	3	1	2	120	37	420

续表

阳性管数			MPN	95%可信限		阳性管数			MPN	95%可信限	
0.1	0.01	0.001		上限	下限	0.1	0.01	0.001		上限	下限
1	2	0	11	3.6	42	3	1	3	160	40	420
1	2	1	15	4.5	42	3	2	0	93	18	420
1	3	0	16	4.5	42	3	2	1	150	37	420
2	0	0	9.2	1.4	38	3	2	2	210	40	430
2	0	1	14	3.6	42	3	2	3	290	90	1000
2	0	2	20	4.5	42	3	3	0	240	42	1000
2	1	0	15	3.7	42	3	3	1	460	90	2000
2	1	1	20	4.5	42	3	3	2	1100	180	4100
2	1	2	27	8.7	94	3	3	3	>1100	420	—

注：1. 本表采用3个稀释度［0.1g（mL）、0.01g（mL）和0.001g（mL）］，每个稀释度接种3管。

2. 表内所列检样量如改用1g（mL）、0.1g（mL）和0.01g（mL）时，表内数字应相应降低10倍；如改用0.01g（mL）、0.001g（mL）0.0001g（mL）时，则表内数字应相应提高10倍，其余类推。

四、大肠菌群平板计数法检验方法

（一）检验程序

大肠菌群平板计数法的检验程序见图5-3。

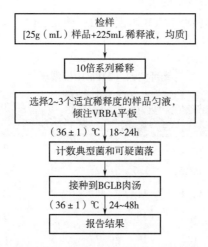

图5-3 大肠菌群平板计数法检验程序

（二）具体操作步骤

1. 样品的稀释

方法与大肠菌群MPN计数法的样品的稀释相同。

2. 平板计数

（1）选取2~3个适宜的连续稀释度，每个稀释度接种2个无菌平皿，每皿1mL。同时取

1mL 生理盐水加入无菌平皿作空白对照。

（2）及时将 15~20mL 融化并恒温至 46℃的结晶紫中性红胆盐琼脂（VRBA）倾注于每个平皿中。小心旋转平皿，将培养基与样液充分混匀，待琼脂凝固后，再加 3~4mL VRBA 覆盖平板表层。翻转平板，置于（36±1）℃培养 18~24h。

（3）平板菌落数的选择　选取菌落数在 15~50CFU 的平板，分别计数平板上出现的典型和可疑大肠菌群菌落（如菌落直径较典型菌落小）。典型菌落为紫红色，菌落周围有红色的胆盐沉淀环，菌落直径为 0.5mm 或更大，最低稀释度平板低于 15CFU 的记录具体菌落数。

（4）证实试验　从 VRBA 平板上挑取 10 个不同类型的典型和可疑菌落，少于 10 个菌落的挑取全部典型和可疑菌落。分别移种于 BGLB 肉汤管内，（36±1）℃培养 24~48h，观察产气情况。凡 BGLB 肉汤管产气，即可报告为大肠菌群阳性。

（5）大肠菌群平板计数的报告　经最后证实为大肠菌群阳性的试管比例乘以（3）中计数的平板菌落数，再乘以稀释倍数，即为每 1g（mL）样品中大肠菌群数。例：10^{-4} 样品稀释液 1mL，在 VRBA 平板上有 100 个典型和可疑菌落，挑取其中 10 个接种 BGLB 肉汤管，证实有 6 个阳性管，则该样品的大肠菌群数为：$100 \times 6/10 \times 10^4/g$（mL）$= 6.0 \times 10^5$CFU/g（mL）。若所有稀释度（包括液体样品原液）平板均无菌落生长，则以小于 1 乘最低稀释倍数计算。

第三节　致病菌的检验

一、沙门菌的检验

（一）沙门菌概述

沙门菌能引起人类的伤寒、副伤寒和食物中毒，也能感染动物。感染动物的沙门菌，也可由不同的方式污染食品，是重要的肠道致病菌。沙门菌分布极广、种类繁多，1983 年底已有 2107 个菌型，至 1997 年已有 2435 个菌型（血清型）被承认。至 2007 年公布了 2579 种血清型。按照同源性和生化反应不同，沙门菌属可分为肠道沙门菌和邦哥尔沙门菌两个种，其中肠道沙门菌有 6 个亚种。能引起人类感染致病的沙门菌血清型主要集中在第 I 亚种，该亚种有 1531 个血清型，其中常见的血清型有数十个，但大多数并不引起大规模的流行。引起人类感染致病的沙门菌有过两次世界性大流行，第一次是伤寒和副伤寒（20 世纪前 50 年）沙门菌感染，第二次为鼠伤寒沙门菌感染，高峰在 20 世纪 60~80 年代末，这是由于食品加工业迅速发展引起的。然而 20 世纪 80 年代后期开始，肠炎沙门菌感染正在形成一次新的世界性大流行，其流行态势受到人们密切的关注。我国 1982—1993 年发生的鼠伤寒沙门菌食物中毒有 13 起，其中福建省就占 6 起，江西省 5 起，河南省、辽宁省各 1 起。

1. 生物学特性

1929 年 White（怀特）曾为本属订下一个定义，后经 1949 年沙门菌小组修改为：沙门菌属是一大群血清学上相关的革兰阴性无芽孢杆菌，大小通常为（0.4~0.6）×（1~3）μm，偶有形成短杆状体。除某些例外，正常形态均具有周生鞭毛，能运动；实际上在染色性和形态学上与伤寒沙门菌极相似。鲜有发酵乳糖或蔗糖、液化明胶或产生靛基质能力。一般能分解葡萄糖并产气，也偶有不产气者。所有已知的种对人、动物或二者均有致病力。

1960 年 Kauffmann（考夫曼）等将沙门菌分成五个亚属，各亚属的主要生理与生化特征如下：

①Ⅰ亚属（典型沙门菌）：不液化明胶，迅速分解酒石酸盐。

②Ⅱ亚属（不典型沙门菌）：缓慢液化明胶，不分解酒石酸盐。

③Ⅲ亚属（亚利桑那菌）：不利用卫矛醇。

④Ⅳ亚属：能在氰化钾中生长，发酵水杨苷。

⑤Ⅴ亚属：能在氰化钾上生长，卫矛醇阳性，ONPG 阳性，不利用乳糖、水杨苷。

以上五个亚属只有Ⅰ亚属能在温血动物中生存，其余可在冷血动物及外界环境中生存。

1982 年 Le Minor 将 DNA 相关度的研究资料应用于沙门菌的分类。将亚利桑那菌属归入沙门菌Ⅲa 和Ⅲb。DNA 相关度的研究资料表明，Kauffmann 的 4 个亚属分类恰与 Le Minor 等的 DNA 群分类相一致。Le Minor 还将一些生化不典型的沙门菌按照 DNA 相关度进一步分为亚种Ⅵ，而把原来的亚种Ⅴ升为种级分类。Le Minor 最终把沙门菌分为肠道沙门菌和邦戈尔沙门菌两个种，把肠道沙门菌分为六个亚种：Ⅰ、Ⅱ、Ⅲa、Ⅲb、Ⅳ和Ⅵ。Ⅴ为邦戈尔沙门菌。

生化特性（表 5-2）：除鸡沙门菌和雏沙门菌有周身鞭毛，运动力强。利用葡萄糖时，绝大多数沙门菌产酸产气（伤寒沙门菌和鸡沙门菌除外）。主要菌株不发酵乳糖（部分沙门菌Ⅲ除外），不发酵蔗糖，不能利用水杨苷，甘露醇阳性，山梨醇阳性，吲哚反应阴性，pH 7.2 时不分解尿素。除副伤寒沙门菌外，都具有赖氨酸脱羧酶；除伤寒沙门菌和鸡沙门菌外，均具有鸟氨酸脱羧酶。绝大多数沙门菌不能在 KCN 肉汤中生长。除副伤寒沙门菌和少数其余沙门菌外，多数产生硫化氢。ONPG 反应大多数阴性，亚利桑那菌（沙门菌Ⅲ）ONPG 为阳性。VP 反应阴性，明胶液化阴性，常利用柠檬酸盐为唯一碳源，大多数能利用木糖，甲型副伤寒沙门菌除外。其中有些性状可能会发生变化。

表 5-2   沙门菌部分生理及生物化学性状（表中数据为阳性数百分比）

亚种	*Salmonella enterica*						*S. bongori*	猪霍乱	鸡	甲型副伤寒	雏	伤寒
（后五种属于亚种Ⅰ）	Ⅰ	Ⅱ	Ⅲa	Ⅲb	Ⅳ	Ⅵ	Ⅴ					
吲哚阳性	1	2	1	2	0	0	0	0	0	0	0	0
VP 阳性	0	0	0	0	0	0	0	0	0	0	0	0
西蒙氏柠檬酸盐	95	100	99	99	95	100	100	25	0	0	0	0
硫化氢（三糖铁）	95	100	99	99	100	100	50	100	10	90	97
尿素酶阳性	1	0	0	0	2	0	0	0	0	0	0	0
赖氨酸脱羧酶	98	100	99	99	100	100	100	95	90	0	100	98
有氰化钾时生长	0	0	1	1	95	0	100	0	0	0	0	0
ONPG 阳性	2	15	100	100	0	50	92	0	0	0	0	0
甘露醇	100	100	100	100	100	100	100	98	100	100	100	100
木糖	97	100	100	100	100	100	100	98	70	0	90	82
山梨醇	95	100	99	99	96	0	100	90	1	95	10	99

续表

亚种 （后五种属于亚种Ⅰ）	\textit{Salmonella enterica}						\textit{S. bongori}	猪霍乱	鸡	甲型副伤寒	雏	伤寒
	Ⅰ	Ⅱ	Ⅲa	Ⅲb	Ⅳ	Ⅵ	Ⅴ					
鸟氨酸脱羧酶	70	100	99	99	100	100	100	100	1	95	95	0
丙二酸盐	0	95	95	95	0	0	0	0	0	0	0	0
水杨苷	0	5	0	0	60	0	0	0	0	0	0	0
卫矛醇	96	91	0	1	0	62	92	5	90	90		
葡萄糖产气	96	100	99	99	100	100	100	95				
动力	95	98	99	99	98	100	100	95	0	95	0	97
对人致病性	4+	+	+	?	?	?	?	4+	4+	4+	4+	4+
源于人和动物	+	+	-	-	-	-	-	+	+	+	+	+

注：+表示阳性；-表示阴性；? 表示未知。

2. 血清型

菌型分类主要采用血清型，主要有 3 类抗原，即 O 抗原、K 抗原、H 抗原。

（1）O 抗原　是细胞壁多糖抗原，连接在类脂上，称脂多糖。

现有 58 个 O 抗原，属 42 个 O 群，前 26 个群用英文大写字母表示，后面用阿拉伯数字 1~67 表示（1~67 中缺 26、29、31、32、33、36、37、49、64）。

（2）K 抗原　荚膜抗原，沙门菌 K 抗原有两种，Vi 抗原和 M 抗原。

Vi 抗原：是一种 N-乙酰-D-氨基半乳糖-糖醛酸的多糖复合物，它被认为是一种被膜抗原，包裹在 O 抗原的外层，常将整个菌体包住，与 O 抗原不相连接。

M 抗原：是多聚乙酰神经氨酸，呈黏液状的物质，这种多糖抗原因其免疫时抗体（抗血清）效价低，在菌型诊断上无实用价值。

（3）H 抗原　鞭毛抗原，属蛋白质，目前已知有 99 个 H 抗原。

往往多数沙门菌在同一菌株能分出两种性质的菌落，在外观上和物理性质上完全相同，但与相应 H 抗体凝集时则可以区别开来，即为同一菌株沙门菌的 H 抗原的两个相。这种具有两相鞭毛抗原的细菌称作双相菌。只有一相鞭毛抗原的细菌称作单相菌。个别有三相或更多相。

3. 食品卫生学意义

沙门菌是寄生性细菌，根据其致病性范围的不同一般分为 3 个类型。

（1）第一群　专门对人致病的，如伤寒沙门菌、甲、乙、丙型副伤寒沙门菌、仙台沙门菌等。

（2）第二群　专门对动物致病，很少传染人，如马流产沙门菌、雏白痢沙门菌等。

（3）第三群　引起人类食物中毒的，如鼠伤寒沙门菌、猪霍乱沙门菌、肠炎沙门菌、纽波特沙门菌等。

沙门菌广泛存在于猪、牛、羊和家禽及鼠类、鸟类等各种动物的肠道和内脏中。屠宰中检出率相当高，一般猪为 10.7%~34.8%，鸡 6.8%，鸡蛋 30%。

引起食物中毒的沙门菌菌型很多，国外（除日本以肠炎沙门菌外）都以鼠伤寒沙门菌占第一位，约占沙门菌食物中毒中的 1/3，我国也类似（29.5%）。

引起沙门菌食物中毒的食品主要是肉、乳、蛋等，在我国由肉食品引起的占 69%。动物生前的沙门菌感染是引起沙门菌食物中毒的重要传染源。从事饮食行业特别是炊事员中的带菌者（我国人群带沙门菌者为1%左右），可造成肉食品及其他食品的污染而引起人类的沙门菌食物中毒。因此，动物性食品被沙门菌污染已成为近年来公共卫生的一个重要问题。

沙门菌几乎所有菌型（除伤寒沙门菌外）发酵葡萄糖时均能产气，多数菌株具纤毛。需氧或兼性厌氧，生长温度10~42℃，最适37℃，适宜pH 6.8~7.8，对营养要求不高，在普通琼脂上均能生长良好，对热、消毒药剂及外界环境抵抗力不强。在水中能存活2~3周，在粪便中存活1~2个月，在含10%~15%食盐的腌肉中能存活2~3个月。当水煮或油炸大块鱼、肉、香肠时，若食品内部温度达不到足以杀死细菌的情况下，该菌仍可存活，往往易引起食物中毒。

4. 致病性及其中毒机制

沙门菌食物中毒是由于沙门菌在食品中大量繁殖，侵入肠道后继续在小肠和结肠里繁殖，附着在肠黏膜上皮上并侵入黏膜下组织，使肠黏膜发炎，从而抑制了对水和电解质的吸收，并引起水肿、出血等。随后再通过肠黏膜上皮细胞间侵入黏膜固有层，引起炎症，并经淋巴系统进入血液，从而出现菌血症，致使全身感染。同时肠道内或血液里的沙门菌分解后，释放出毒力很强的大量菌体内毒素，致使全身中毒，出现剧烈的胃肠炎症状。

沙门菌临床表现为胃肠炎型，潜伏期一般12~24h，短者6~8h，长者2d。初始出现头痛、全身乏力，发冷和恶心，随后出现呕吐、腹痛、腹泻、全身酸痛，重者出现寒战、抽搐和昏迷，病程一般3~7d，预后良好，死亡率约为1%左右。

（二）检测前准备

1. 设备和材料

除微生物实验室常规灭菌及培养设备外，其他设备和材料如下：

（1）冰箱 2~5℃；

（2）恒温培养箱 （36±1）℃，（42±1）℃；

（3）均质器；

（4）振荡器；

（5）电子天平 感量0.1g；

（6）无菌锥形瓶 容量500mL，250mL；

（7）无菌吸管 1mL（具0.01mL刻度）、10mL（具0.1mL刻度）或微量移液器及吸头；

（8）无菌培养皿 直径60mm，直径90mm；

（9）无菌试管 3mm×50mm、10mm×75mm；

（10）无菌毛细管；

（11）pH计或pH比色管或精密pH试纸；

（12）全自动微生物生化鉴定系统。

2. 培养基和试剂

（1）缓冲蛋白胨水（BPW）；

（2）四硫黄酸钠煌绿（TTB）增菌液；

（3）亚硒酸盐胱氨酸（SC）增菌液；

（4）亚硫酸铋（BS）琼脂；

（5）HE琼脂；

（6）木糖赖氨酸脱氧胆盐（XLD）琼脂；

（7）沙门菌属显色培养基；

（8）三糖铁（TSI）琼脂；

（9）蛋白胨水、靛基质试剂；

（10）尿素琼脂（pH 7.2）；

（11）氰化钾（KCN）培养基；

（12）赖氨酸脱羧酶试验培养基；

（13）糖发酵管；

（14）邻硝基酚 β-D 半乳糖苷（ONPG）培养基；

（15）半固体琼脂；

（16）丙二酸钠培养基；

（17）沙门菌 O、H 和 Vi 诊断血清；

（18）生化鉴定试剂盒。

（三）检验方法

1. 检验程序

沙门菌的检验程序见图 5-4。

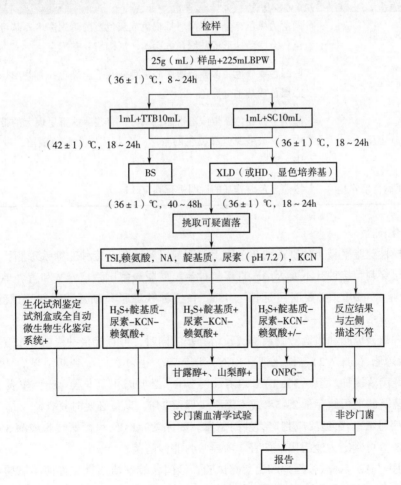

图 5-4 沙门菌的检验程序

2. 具体操作步骤

（1）前增菌　无菌操作称取 25g（mL）样品放入盛有 225mL BPW 的无菌均质杯中，以 8000~10000r/min 均质 1~2min，或置于盛有 225mL BPW 的无菌均质袋中，用拍击式均质器拍打 1~2min。若样品为液态，不需要均质，振荡混匀。如需测定 pH，用 1mol/mL 无菌 NaOH 或 HCl 调 pH 至 6.8±0.2。无菌操作将样品转至 500mL 锥形瓶或其他合适容器内（如均质杯本身具有无孔盖，可不转移样品），如使用均质袋，可直接进行培养，于（36±1）℃培养 8~18h。

如为冷冻产品，应在 45℃以下不超过 15min，或 2~5℃不超过 18h 解冻。

（2）增菌　轻轻摇动培养过的样品混合物，移取 1mL，转种于 10mL TTB 内，于（42±1）℃培养 18~24h。同时，另取 1mL，转种于 10m LSC 内，于（36±1）℃培养 18~24h。

（3）分离　用直径 3mm 的接种环取增菌液 1 环，分别划线接种于一个 BS 琼脂平板和 XLD 琼脂平板（或 HE 琼脂平板或沙门菌属显色培养基平板）。于（36±1）℃分别培养 18~24h（XLD 琼脂平板、HE 琼脂平板、沙门菌属显色培养基平板）或 40~48h（BS 琼脂平板），观察各个平板上生长的菌落，各个平板上的菌落特征见表 5-3。

表 5-3　　　　　　　　　　沙门菌属在不同选择性琼脂平板上的菌落特征

选择性琼脂平板	沙门菌
BS 琼脂	菌落为黑色有金属光泽、棕褐色或灰色，菌落周围培养基可呈黑色或棕色；有些菌株形成灰绿色的菌落，周围培养基不变。
HE 琼脂	蓝绿色或蓝色，多数菌落中心黑色或几乎全黑色；有些菌株为黄色，中心黑色或几乎全黑色。
XLD 琼脂	菌落呈粉红色，带或不带黑色中心，有些菌株可呈现大的带光泽的黑色中心，或呈现全部黑色的菌落；有些菌株为黄色菌落，带或不带黑色中心。
沙门菌属显色培养基	按照显色培养基的说明进行判定。

（4）生化试验

①自选择性琼脂平板上分别挑取 2 个以上典型或可疑菌落，接种三糖铁琼脂，先在斜面划线，再于底层穿刺；接种针不要灭菌，直接接种赖氨酸脱羧酶试验培养基和营养琼脂平板，于（36±1）℃培养 18~24h，必要时可延长至 48h。在三糖铁琼脂和赖氨酸脱羧酶试验培养基内，沙门菌属的反应结果见表 5-4。

②接种三糖铁琼脂和赖氨酸脱羧酶试验培养基的同时，可直接接种蛋白胨水（供做靛基质试验）、尿素琼脂（pH 7.2）、氰化钾（KCN）培养基，也可在初步判断结果后从营养琼脂平板上挑取可疑菌落接种。于（36±1）℃培养 18~24h，必要时可延长至 48h，按表 5-5 判定结果。将已挑菌落的平板储存于 2~5℃或室温至少保留 24h，以备必要时复查。

a. 反应序号 A1：典型反应判定为沙门菌属。如尿素、KCN 和赖氨酸脱羧酶 3 项中有 1 项异常，按表 5-6 可判定为沙门菌。如有 2 项异常为非沙门菌。

b. 反应序号 A2：补做甘露醇和山梨醇试验，沙门菌靛基质阳性变性两项试验结果均为阳性，但需要结合血清学鉴定结果进行判定。

c. 反应序号 A3：补做 ONPG 试验。ONPG 阴性为沙门菌，同时赖氨酸脱羧酶阳性，甲型副伤寒沙门菌为赖氨酸脱羧酶阴性。

d. 必要时按表 5-7 进行沙门菌生化群的鉴别。

表 5-4　　　　　沙门菌属在三糖铁琼脂和赖氨酸脱羧酶试验培养基内的反应结果

三糖铁琼脂				赖氨酸脱羧酶	初步判断
斜面	底层	产气	硫化氢	试验培养基	
K	A	+ (-)	+ (-)	+	可疑沙门菌属
K	A	+ (-)	+ (-)	-	可疑沙门菌属
A	A	+ (-)	+ (-)	+	可疑沙门菌属
A	A	+/-	+/-	-	非沙门菌
K	K	+/-	+/-	+/-	非沙门菌

注：K：产碱，A：产酸；+：阳性，-：阴性；+ (-)：多数阳性，少数阴性；+/-：阳性或阴性。

表 5-5　　　　　　　　　　沙门菌属生化反应初步鉴别表（1）

反应序号	硫化氢	靛基质	pH 7.2 尿素	氰化钾	赖氨酸脱羧酶
A1	+	-	-	-	+
A2	+	+	-	-	+
A3	-	-	-	-	+/-

注：+表示阳性；-表示阴性；+/-表示阳性或阴性。

表 5-6　　　　　　　　　　沙门菌属生化反应初步鉴别表（2）

pH 7.2 尿素	氰化钾（KCN）	赖氨酸脱羧酶	判定结果
-	-	-	甲型副伤寒沙门菌（要求血清学鉴定结果）
-	+	+	沙门菌IV或V（要求符合本群生化特性）
+	-	+	沙门菌个别变体（要求血清学鉴定结果）

注：+表示阳性；-表示阴性。

表 5-7　　　　　　　　　　沙门菌属各生化群的鉴别

项目	I	II	III	IV	V	VI
卫矛醇	+	+	-	-	+	-
山梨醇	+	+	+	+	+	+
水杨苷	-	-	-	+	-	-
ONPG	-	-	+	-	+	-
丙二酸盐	-	+	+	-	-	-
KCN	-	-	-	+	+	-

注：+表示阳性；-表示阴性。

③如选择生化鉴定试剂盒或全自动微生物生化鉴定系统，可根据①的初步判断结果，从营

养琼脂平板上挑取可疑菌落，用生理盐水制备成浊度适当的菌悬液，使用生化鉴定试剂盒或全自动微生物生化鉴定系统进行鉴定。

（5）血清学鉴定

①检查培养物有无自凝性一般采用 1.2%～1.5% 琼脂培养物作为玻片凝集试验用的抗原。首先排除自凝集反应，在洁净的玻片上滴加一滴生理盐水，将待试培养物混合于生理盐水滴内，使其成为均一性的混浊悬液，将玻片轻轻摇动 30～60s，在黑色背景下观察反应（必要时用放大镜观察），若出现可见的菌体凝集，即认为有自凝性，反之无自凝性。对无自凝的培养物参照下面方法进行血清学鉴定。

②多价菌体抗原（O）鉴定：在玻片上划出 2 个约 1cm×2cm 的区域，挑取 1 环待测菌，各放 1/2 环于玻片上的每一区域上部，在其中一个区域下部加 1 滴多价菌体（O）抗血清，在另一区域下部加入 1 滴生理盐水，作为对照。再用无菌的接种环或针分别将两个区域内的菌苔研成乳状液。将玻片倾斜摇动混合 1min，并对着黑暗背景进行观察，任何程度的凝集现象皆为阳性反应。O 血清不凝集时，将菌株接种在琼脂量较高的（如 2%～3%）培养基上再检查；如果是由于 Vi 抗原的存在而阻止了 O 凝集反应时，可挑取菌苔于 1mL 生理盐水中做成浓菌液，于酒精灯火焰上煮沸后再检查。

③多价鞭毛抗原（H）鉴定：方法同"多价菌体抗原（O）鉴定"。H 抗原发育不良时，将菌株接种在 0.55%～0.65% 半固体琼脂平板的中央，待菌落蔓延生长时，在其边缘部分取菌检查；或将菌株通过装有 0.3%～0.4% 半固体琼脂的小玻管 1～2 次，自远端取菌培养后再检查。

④血清学分型：本试验为选做项目，作为对菌体所属抗原进行具体分型，如有需要，请查阅 GB 4789.4—2016《食品安全国家标准　食品微生物学检验　沙门菌检验》中的方法进行分型。

（6）结果与报告　综合以上生化试验和血清学鉴定的结果，报告 25g（mL）样品中检出或未检出沙门菌。

二、志贺菌的检验

（一）志贺菌概述

志贺菌属即通称的痢疾杆菌，为一类能使人和猿产生痢疾疾病的革兰阴性杆菌。志贺菌是日本志贺洁在 1898 年首次分离得到的，因此而得名。

志贺菌属有 4 个血清组，即 A、B、C、D。

（1）A 群　又称痢疾志贺菌（*Shigella dysenteriae*）。不发酵甘露醇。有 12 个血清型，其中 8 型又分为 3 个亚型。

（2）B 群　又称福氏志贺菌（*Sh. flexneri*）。发酵甘露醇。有 15 个血清型（含亚型及变种），抗原构造复杂，有群抗原和型抗原。根据型抗原的不同，分为 6 型，又根据群抗原的不同将型分为亚型；X、Y 变种没有特异性抗原，仅有不同的群抗原。

（3）C 群　又称鲍氏志贺菌（*Sh. boydii*）。发酵甘露醇，有 18 个血清型，各型间无交叉反应。

（4）D 群　又称宋内氏志贺菌（*Sh. sonnei*）。发酵甘露醇，并迟缓发酵乳糖，一般需要

3~4d。只有一个血清型。有两个变异相，即Ⅰ相和Ⅱ相；Ⅰ相为 S 型，Ⅱ相为 R 型。

1. 生物学特性

（1）形态与染色特性　本属细菌为两侧平行、末端钝圆的短杆菌，（0.5~0.7）×（2~3）μm，与其他肠道杆菌相似。无荚膜，无鞭毛，不形成芽孢，革兰阴性，个别菌带有菌毛。

（2）培养特性

①需氧或兼性厌氧，但厌氧时生长不是很旺盛。

②对营养要求较高，在普通琼脂培养基上生长时菌落较小。

③在 10~40℃范围内可生长。最适温度为 37℃左右。最适 pH 为 7.2。

④在固体培养基上，培养 18~24h 后，形成圆形、隆起、透明、直径 1~2mm、表面光滑、湿润、边缘整齐的菌落。

（3）生化特性　志贺菌不发酵乳糖和蔗糖（宋内氏志贺菌迟缓发酵乳糖，3~4d），发酵葡萄糖产酸不产气（福氏志贺菌 6 型微弱产气或不产气），不产硫化氢，不产尿素酶，有氰化钾时不能生长，不能以柠檬酸盐为唯一碳源，赖氨酸脱羧酶阴性，甲基红阳性，VP 反应阴性。吲哚反应宋内氏志贺菌为阴性外，其余不一。不能分解水杨苷和七叶苷。除 A 群志贺菌外，均可使甘露醇发酵。

A 群一般不发酵甘露醇，除少数以外，一般不发酵乳糖、蔗糖和棉籽糖。A 群从不发酵山梨醇和阿拉伯糖，由此可以与其他血清型相区别。

B 群细菌发酵甘露醇，不发酵乳糖，偶尔有迟缓发酵蔗糖的菌株。B 亚群中的 6 型又可分成鲍氏—88、曼彻斯特、新城 3 个生化亚型。

C 群为发酵甘露醇产酸但不产气的菌株，不发酵乳糖、蔗糖、棉籽糖。

D 群菌迟缓发酵乳糖，迅速发酵甘露醇、阿拉伯糖和鼠李糖，但不发酵卫矛醇和山梨醇。

（4）血清学特性　志贺菌四个亚群各具有不同的抗原构造，都是由菌体抗原（O）及表面抗原（K）所组成。B 亚群细菌的抗原关系比较复杂，根据各血清型的群抗原和型抗原构成的不同，尚可再分为亚型，如Ⅰ型可分为Ⅰa 亚型和Ⅰb 亚型等。B 亚群有 6 个血清型，连同亚型 X、Y 两个变种共 13 种不同的抗原构造。

（5）抵抗力

本属细菌在染菌的衣物中，室温暗处可存活 5~46d。在泥土中，于室温暗处可存活 9~12d，自然污染的粪便，如使之保持碱性并湿润，可在其中存活较长时间，但如有大肠杆菌或其他产酸菌活动时，数小时便可死亡，在水里可存活数月，在−2℃的冰块中可存活 53d，其中宋内氏志贺菌比福氏志贺菌 2a 型存活数多。

在猪肉、米、面等食品中，志贺菌的增殖率随温度上升而增加，在 37℃比在 10℃的增殖数量约高 10000 倍。

志贺菌经 55℃加热 1h 或 0.5%苯酚作用 6h 或 1%苯酚作用 15~30min 即可杀死。

（6）毒素特性

志贺菌可产生内毒素和外毒素。

内毒素是一种耐热性肠毒素，其化学成分为脂多糖和蛋白质复合物，并与菌体的 O 抗原相当。在实验动物（小白鼠、大白鼠）体内，可引起腹泻，白细胞减少，发热、肝糖原下降等。

外毒素也称神经毒素，是不耐热的蛋白质，经 80℃加热 1h 即被破坏。仅痢疾志贺菌Ⅰ和部分痢疾志贺菌Ⅱ（舒密次杆菌）产生此种毒素。以家兔最为敏感，人的中毒剂量为

0.00006mg，外毒素主要作用于小血管，使小白鼠和家兔出现神经症状，使大白鼠和家兔出现肠道水肿和出血，使地鼠出现肺水肿和胸腔出血，而豚鼠一般对其具有抵抗力。

2. 致病性及主要症状

志贺菌是侵入性细菌，只需千个、百个、甚至几个就可能引起疾病发生，与致病性大肠埃希菌（O157 除外）不同。后者需要食入大量细菌才会引起中毒。

菌体进入体内后侵入空肠黏膜上皮细胞繁殖，产生外毒素，菌体破坏后产生内毒素作用于肠壁、肠壁黏膜和肠壁植物性神经。

志贺菌的潜伏期一般为 $10\sim20h$，短者 6h，病人会出现剧烈的腹痛、呕吐及频繁的腹泻，并伴有水样便，便中混有血液，发热，体温高者可达 $40℃$ 以上，有的病人出现痉挛。

3. 流行病学

（1）季节性特点　多发生于 $7\sim10$ 月。

（2）食品的种类　主要是凉拌菜。

（3）食品被污染和中毒发生的原因　本菌携带者或食品加工、集体食堂、饮食行业的从业人员患有痢疾时，手接触是污染食品的主要因素。熟食品被污染后，存放在较高的温度下，志贺菌大量繁殖，食用后引起中毒。

（二）检测前准备

1. 设备和材料

除微生物实验室常规灭菌及培养设备外，其他设备和材料如下：

（1）恒温培养箱　（36±1）℃；

（2）冰箱　2~5℃；

（3）膜过滤系统；

（4）厌氧培养装置　（41.5±1）℃；

（5）电子天平　感量 0.1g；

（6）显微镜　10×~100×；

（7）均质器；

（8）振荡器；

（9）无菌吸管　1mL（具 0.01mL 刻度）、10mL（具 0.1mL 刻度）或微量移液器及吸头；

（10）无菌均质杯或无菌均质袋　容量 500mL；

（11）无菌培养皿　直径 90mm；

（12）pH 计或 pH 比色管或精密 pH 试纸；

（13）全自动微生物生化鉴定系统。

2. 培养基和试剂

（1）志贺菌增菌肉汤-新生霉素；

（2）麦康凯（MAC）琼脂；

（3）木糖赖氨酸脱氧胆酸盐（XLD）琼脂；

（4）志贺菌显色培养基；

（5）三糖铁（TSI）琼脂；

（6）营养琼脂斜面；

（7）半固体琼脂；

（8）葡萄糖胺培养基；

（9）尿素琼脂；

（10）β-半乳糖苷酶培养基；

（11）氨基酸脱羧酶试验培养基；

（12）糖发酵管；

（13）西蒙氏柠檬酸盐培养基；

（14）黏液酸盐培养基；

（15）蛋白胨水、靛基质试剂；

（16）志贺菌属诊断血清；

（17）生化鉴定试剂盒。

（三）检验方法

1. 检验程序

志贺菌检验程序见图5-5。

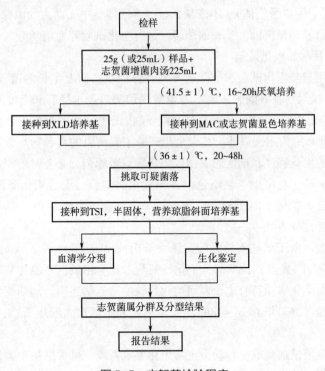

图5-5　志贺菌检验程序

2. 操作步骤

（1）增菌　以无菌操作取检样25g（mL），加入装有灭菌225mL志贺菌增菌肉汤的均质杯，用旋转刀片式均质器以8000~10000r/min均质；或加入装有225mL志贺菌增菌肉汤的均质袋中，用拍击式均质器连续均质1~2min，液体样品振荡混匀即可。于（41.5±1）℃，厌氧培养16~20h。

（2）分离　取增菌后的志贺增菌液分别划线接种于XLD琼脂平板和MAC琼脂平板或志贺菌显色培养基平板上，于（36±1）℃培养20~24h，观察各个平板上生长的菌落形态。宋内氏志贺菌的单个菌落直径大于其他志贺菌。若出现的菌落不典型或菌落较小不易观察，则继续培养至48h再进行观察。志贺菌在不同选择性琼脂平板上的菌落特征见表5-8。

表 5-8 志贺菌在不同选择性琼脂平板上的菌落特征

选择性琼脂平板	志贺菌的菌落特征
MAC 琼脂	无色至浅粉红色，半透明、光滑、湿润、圆形、边缘整齐或不齐
XLD 琼脂	粉红色至无色，半透明、光滑、湿润、圆形、边缘整齐或不齐
志贺菌显色培养基	按照显色培养基的说明进行判定

（3）初步生化试验

①自选择性琼脂平板上分别挑取2个以上典型或可疑菌落，分别接种TSI、半固体和营养琼脂斜面各一管，置（36±1）℃培养20~24h，分别观察结果。

②凡是三糖铁琼脂中斜面产碱、底层产酸（发酵葡萄糖，不发酵乳糖，蔗糖）、不产气（福氏志贺菌6型可产生少量气体）、不产硫化氢、半固体管中无动力的菌株，挑取其初步生化试验①中已培养的营养琼脂斜面上生长的菌苔，进行生化试验和血清学分型。

（4）生化试验及附加生化试验

①生化试验：用初步生化试验①中已培养的营养琼脂斜面上生长的菌苔，进行生化试验，即β-半乳糖苷酶、尿素、赖氨酸脱羧酶、鸟氨酸脱羧酶以及水杨苷和七叶苷的分解试验。除宋内氏志贺菌、鲍氏志贺菌13型的鸟氨酸阳性；宋内氏志贺菌和痢疾志贺菌1型，鲍氏志贺菌13型的β-半乳糖苷酶为阳性以外，其余生化试验志贺菌属的培养物均为阴性结果。另外由于福氏志贺菌6型的生化特性和痢疾志贺菌或鲍氏志贺菌相似，必要时还需加做靛基质、甘露醇、棉籽糖、甘油试验，也可做革兰染色检查和氧化酶试验，应为氧化酶阴性的革兰阴性杆菌。生化反应不符合的菌株，即使能与某种志贺菌分型血清发生凝集，仍不得判定为志贺菌属。志贺菌属生化特性见表5-9。

②附加生化试验：由于某些不活泼的大肠埃希氏菌（*anaerogenic E. coli*）、A-D（*Alkalescens-D isparbiotypes* 碱性-异型）菌的部分生化特征与志贺菌相似，并能与某种志贺菌分型血清发生凝集；因此前面生化实验符合志贺菌属生化特性的培养物还需另加葡萄糖胺、西蒙氏柠檬酸盐、黏液酸盐试验（36℃培养24~48h）。志贺菌属和不活泼大肠埃希菌、A-D菌的生化特性区别见表5-10。

③如选择生化鉴定试剂盒或全自动微生物生化鉴定系统，可根据初步生化试验②的初步判断结果，用初步生化试验①中已培养的营养琼脂斜面上生长的菌苔，使用生化鉴定试剂盒或全自动微生物生化鉴定系统进行鉴定。

表 5-9 志贺菌属四个群的生化特性

生化反应	A 群：痢疾志贺菌	B 群：福氏志贺菌	C 群：鲍氏志贺菌	D 群：宋内氏志贺菌
β-半乳糖苷酶	-[a]	-	-[a]	+
尿素	-	-	-	-
赖氨酸脱羧酶	-	-	-	-

续表

生化反应	A 群：痢疾志贺菌	B 群：福氏志贺菌	C 群：鲍氏志贺菌	D 群：宋内氏志贺菌
鸟氨酸脱羧酶	−	−	−[b]	+
水杨苷	−	−	−	−
七叶苷	−	−	−	−
靛基质	−/+	(+)	−/+	−
甘露醇	−	+[c]	+	+
棉籽糖	−	+	−	+
甘油	(+)	−	(+)	d

注：+表示阳性；−表示阴性；−/+表示多数阴性；+/−表示多数阳性；（+）表示迟缓阳性；d 表示有不同生化型。
[a]痢疾志贺Ⅰ型和鲍氏 13 型为阳性；[b]鲍氏 13 型为鸟氨酸阳性；[c]福氏 4 型和 6 型常见甘露醇阴性变种。

表 5−10　　　　　　　　志贺菌属和不活泼大肠埃希菌、A−D 菌的生化特性区别

生化反应	A 群：痢疾 志贺菌	B 群：福氏 志贺菌	C 群：鲍氏 志贺菌	D 群：宋内氏 志贺菌	大肠埃希菌	A−D 菌
葡萄糖胺	−	−	−	−	+	+
西蒙氏柠檬酸盐	−	−	−	−	d	d
黏液酸盐	−	−	−	d	+	d

注 1：+表示阳性；−表示阴性；d 表示有不同生化型。

注 2：在葡萄糖胺、西蒙氏柠檬酸盐、黏液酸盐试验三项反应中志贺菌一般为阴性，而不活泼的大肠埃希菌、A−D（碱性−异型）菌至少有一项反应为阳性。

（5）血清学鉴定

①抗原的准备：志贺菌属没有动力，所以没有鞭毛抗原。志贺菌属主要有菌体（O）抗原。菌体 O 抗原又可分为型和群的特异性抗原。

一般采用 1.2%～1.5% 琼脂培养物作为玻片凝集试验用的抗原。

（注 1：一些志贺菌如果因为 K 抗原的存在而不出现凝集反应时，可挑取菌苔于 1mL 生理盐水做成浓菌液，100℃煮沸 15～60min 去除 K 抗原后再检查。

注 2：D 群志贺菌既可能是光滑型菌株也可能是粗糙型菌株，与其他志贺菌群抗原不存在交叉反应。与肠杆菌科不同，宋内氏志贺菌粗糙型菌株不一定会自凝。宋内氏志贺菌没有 K 抗原。）

②凝集反应：在载玻片上划出两个约 1cm×2cm 的区域，挑取一环待测菌，各放 1/2 环于载玻片上的每一区域上部，在其中一个区域下部加 1 滴抗血清，在另一区域下部加入 1 滴生理盐水，作为对照。再用无菌的接种环或针分别将两个区域内的菌落研成乳状液。将载玻片倾斜摇动混合 1min，并对着黑色背景进行观察，如果抗血清中出现凝结成块的颗粒，而且生理盐水中没有发生自凝现象，那么凝集反应为阳性。如果生理盐水中出现凝集，视作为自凝。这时，应挑取同一培养基上的其他菌落继续进行试验。

如果待测菌的生化特征符合志贺菌属生化特征，而其血清学试验为阴性的话，则按抗原的准备注 1 进行试验。

③血清学分型（选做项目）：先用 4 种志贺菌多价血清检查，如果呈现凝集，则再用其群和型因子血清分别检查。如果 B 群多价血清不凝集，则用 D 群宋内氏志贺菌血清进行实验，如呈现凝集，则用其Ⅰ相和Ⅱ相血清检查；如果 B、D 群多价血清都不凝集，则用 A 群痢疾志贺菌多价血清及 1~12 各型因子血清检查，如果上述三种多价血清都不凝集，可用 C 群鲍氏志贺菌多价检查，并进一步用 1~18 各型因子血清检查。福氏志贺菌各型和亚型的型抗原和群抗原鉴别见表 5-11。

（6）结果报告　综合以上生化试验和血清学鉴定的结果，报告 25g（mL）样品中检出或未检出志贺菌。

表 5-11　　　　　　　　福氏志贺菌各型和亚型的型抗原和群抗原的鉴别表

型和亚型	型抗原	群抗原	在群因子血清中的凝集		
			3，4	6	7，8
1a	Ⅰ	4	+	-	-
1b	Ⅰ	(4)，6	(+)	+	-
2a	Ⅱ	3，4	+	-	-
2b	Ⅱ	7，8	-	-	+
3a	Ⅲ	(3，4)，6，7，8，	(+)	+	+
3b	Ⅲ	(3，4)，6	(+)	+	-
4a	Ⅳ	3，4	+	-	-
4b	Ⅳ	6	-	+	-
4c	Ⅳ	7，8	-	-	+
5a	Ⅴ	(3，4)	(+)	-	-
5b	Ⅴ	7，8	-	-	+
6	Ⅵ	4	+	-	-
X	-	7，8	-	-	+
Y	-	3，4	+	-	-

注：+表示凝集；-表示不凝集；（）表示有或无。

三、金黄色葡萄球菌的检验

（一）金黄色葡萄球菌概述

1. 生物学特性

典型的金黄色葡萄球菌为球形，直径 0.8μm 左右，显微镜下排列成葡萄串状。金黄色葡萄球菌无芽孢，无鞭毛，大多数无荚膜，革兰染色阳性。金黄色葡萄球菌营养要求不高，在普通培养基上生长良好，需氧或兼性厌氧，最适生长温度为 37℃，最适生长 pH 7.4。平板上菌落厚、有光泽、圆形凸起，直径 1~2mm。血平板菌落周围形成透明的溶血环。金黄色葡萄球菌有高度的耐盐性，可在 10%~15%氯化钠肉汤中生长。可分解葡萄糖、麦芽糖、乳糖、蔗糖，产酸不产气。甲基红反应阳性，VP 反应弱阳性。许多菌株可分解精氨酸，水解尿素，还原硝酸盐，液化明胶。金黄色葡萄球菌具有较强的抵抗力，对磺胺类药物敏感性低，但对青霉素、红霉素等高度敏感。

2. 流行病学

金黄色葡萄球菌在自然界中无处不在，空气、水、灰尘及人和动物的排泄物中都可找到，食品受其污染的机会很多。近年来，美国疾病控制中心报告，由金黄色葡萄球菌引起的感染占各类微生物感染的第二位，仅次于大肠杆菌。金黄色葡萄球菌肠毒素是个世界性卫生问题，在美国由金黄色葡萄球菌肠毒素引起的食物中毒占整个细菌性食物中毒的33%，加拿大则更多，占45%，我国每年发生的此类中毒事件也非常多。金黄色葡萄球菌的流行病学一般有如下特点：

季节分布，多见于春夏季；中毒食品种类多，如乳、肉、蛋、鱼及其制品。此外，剩饭、油煎蛋、糯米糕及凉粉等引起的中毒事件也有报道。上呼吸道感染患者鼻腔带菌率为83%，人畜化脓性感染部位常成为污染源。一般来说，金黄色葡萄球菌可通过以下途径污染食品：

食品加工人员、炊事员或销售人员带菌，造成食品污染；食品在加工前本身带菌，或在加工过程中受到了污染，产生了肠毒素，引起食物中毒；熟食制品包装不严，运输过程受到污染；奶牛患化脓性乳腺炎或畜禽局部化脓时，对肉体其他部位的污染。

金黄色葡萄球菌肠毒素的形成条件：

①存放温度，在37℃内，温度越高，产毒时间越短；

②存放地点，通风不良导致氧分压低易形成肠毒素；

③食物种类，含蛋白质丰富，水分多，同时含一定量淀粉的食物，肠毒素易生成。

3. 致病性

金黄色葡萄球菌是人类化脓感染中最常见的病原菌，可引起局部化脓感染，也可引起肺炎、伪膜性肠炎、心包炎等，甚至败血症、脓毒症等全身感染。金黄色葡萄球菌的致病力强弱主要取决于其产生的毒素和侵袭性酶：

（1）溶血毒素　外毒素，分α、β、γ、δ 4 种，能损伤血小板，破坏溶酶体，引起肌体局部缺血和坏死；

（2）杀白细胞素　可破坏人的白细胞和巨噬细胞；

（3）血浆凝固酶　当金黄色葡萄球菌侵入人体时，该酶使血液或血浆中的纤维蛋白沉积于菌体表面或凝固，阻碍吞噬细胞的吞噬作用。葡萄球菌形成的感染易局部化与此酶有关；

（4）脱氧核糖核酸酶　金黄色葡萄球菌产生的脱氧核糖核酸酶能耐受高温，可用来作为鉴定金黄色葡萄球菌的依据；

（5）肠毒素　金黄色葡萄球菌能产生数种引起急性胃肠炎的蛋白质性肠毒素，分为A、B、C、D、E及F 6种血清型。肠毒素可耐受100℃煮沸30min而不被破坏。它引起的食物中毒症状是呕吐和腹泻。

此外，金黄色葡萄球菌还产生溶表皮素、明胶酶、蛋白酶、脂肪酶、肽酶等。

（二）检验前准备

1. 设备和材料

除微生物实验室常规灭菌及培养设备外，其他设备和材料如下：

（1）恒温培养箱　（36±1）℃；

（2）冰箱　2~5℃；

（3）恒温水浴箱　36~56℃；

（4）天平　感量0.1g；

（5）均质器；

（6）振荡器；

（7）无菌吸管　1mL（具0.01mL刻度）、10mL（具0.1mL刻度）或微量移液器及吸头；

（8）无菌锥形瓶　容量100mL、500mL；

（9）无菌培养皿　直径90mm；

（10）涂布棒；

（11）pH计或pH比色管或精密pH试纸。

2. 培养基和试剂

（1）7.5%氯化钠肉汤；

（2）血琼脂平板；

（3）Baird-Parker琼脂平板；

（4）脑心浸出液肉汤（BHI）；

（5）兔血浆；

（6）稀释液　磷酸盐缓冲液；

（7）营养琼脂小斜面；

（8）革兰染色液；

（9）无菌生理盐水。

（三）金黄色葡萄球菌定性检验方法

1. 检验程序

金黄色葡萄球菌定性检验程序见图5-6。

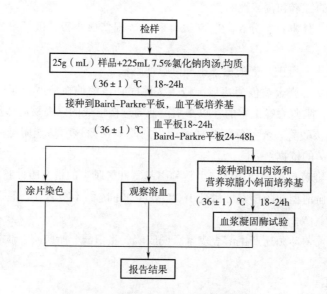

图5-6　金黄色葡萄球菌定性检验程序

2. 检验步骤

（1）样品的处理 称取 25g 样品至盛有 225mL 7.5%氯化钠肉汤的无菌均质杯内，8000~10000r/min 均质 1~2min，或放入盛有 225mL 7.5%氯化钠肉汤无菌均质袋中，用拍击式均质器拍打 1~2min。若样品为液态，吸取 25mL 样品至盛有 225mL 7.5%氯化钠肉汤的无菌锥形瓶（瓶内可预置适当数量的无菌玻璃珠）中，振荡混匀。

（2）增菌 将上述样品匀液于（36±1）℃培养 18~24h。金黄色葡萄球菌在 7.5%氯化钠肉汤中呈混浊生长。

（3）分离 将增菌后的培养物，分别划线接种到 Baird-Parker 平板和血平板，血平板（36±1）℃培养 18~24h。Baird-Parker 平板（36±1）℃培养 24~48h。

（4）初步鉴定 金黄色葡萄球菌在 Baird-Parker 平板上呈圆形，表面光滑、凸起、湿润、菌落直径为 2~3mm，颜色呈灰色至黑色，有光泽，常有浅色（非白色）的边缘，周围绕以不透明圈（沉淀），其外常有一清晰带。当用接种针触及菌落时具有黄油样黏稠感。有时可见到不分解脂肪的菌株，除没有不透明圈和清晰带外，其他外观基本相同。从长期贮存的冷冻或脱水食品中分离的菌落，其黑色常较典型菌落浅些，且外观可能较粗糙，质地较干燥。在血平板上，形成菌落较大，圆形、光滑凸起、湿润、金黄色（有时为白色），菌落周围可见完全透明溶血圈。挑取上述菌落进行革兰染色镜检及血浆凝固酶试验。

（5）确证鉴定

①染色镜检：金黄色葡萄球菌为革兰阳性球菌，排列呈葡萄球状，无芽孢，无荚膜，直径为 0.5~1μm。

②血浆凝固酶试验：挑取 Baird-Parker 平板或血平板上至少 5 个可疑菌落（小于 5 个全选），分别接种到 5mL BHI 和营养琼脂小斜面，（36±1）℃培养 18~24h。

取新鲜配制兔血浆 0.5mL，放入小试管中，再加入 BHI 培养物 0.2~0.3mL，振荡摇匀，置（36±1）℃温箱或水浴箱内，每半小时观察一次，观察 6h，如呈现凝固（即将试管倾斜或倒置时，呈现凝块）或凝固体积大于原体积的一半，被判定为阳性结果。同时以血浆凝固酶试验阳性和阴性葡萄球菌菌株的肉汤培养物作为对照。也可用商品化的试剂，按说明书操作，进行血浆凝固酶试验。

结果如可疑，挑取营养琼脂小斜面的菌落到 5mL BHI，（36±1）℃培养 18~48h，重复试验。

（6）葡萄球菌肠毒素的检验（选做） 可疑食物中毒样品或产生葡萄球菌肠毒素的金黄色葡萄球菌菌株的鉴定，应按 GB 4789.10—2016《食品安全国家标准 食品微生物学检验 金黄色葡萄球菌检验》附录 B 检测葡萄球菌肠毒素。

（7）结果 当从 BP 平板或血平板中挑出可疑菌落的生化学性状符合表 5-12 要求时，报告 25g（mL）样品中检出金黄色葡萄球菌。

表 5-12 金黄色葡萄球菌的生化性状

试验项目	结果
染色镜检	革兰阳性球菌，排列呈葡萄球状，无芽孢，无荚膜，直径约为 0.5~1μm
血平板	菌落较大，圆形、光滑凸起、湿润、金黄色（有时为白色），菌落周围可见完全透明溶血圈

续表

试验项目	结果
Baird-Parker 平板	呈圆形，表面光滑、凸起、湿润、菌落直径为 2~3mm，颜色呈灰黑色至黑色，有光泽，常有浅色（非白色）的边缘，周围绕以不透明圈（沉淀），其外常有一清晰带
血浆凝固酶试验	呈现凝固（即将试管倾斜或倒置时，呈现凝块）或凝固体积大于原体积的一半

（四）金黄色葡萄球菌平板计数法检验

1. 检验程序

金黄色葡萄球菌平板计数法检验程序见图 5-7。

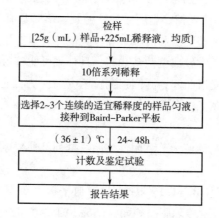

图 5-7　金黄色葡萄球菌平板计数法检验程序

2. 操作步骤

（1）样品的稀释

①固体和半固体样品：称取 25g 样品置于盛有 225mL 磷酸盐缓冲液或生理盐水的无菌均质杯内，8000~10000r/min 均质 1~2min，或置于盛有 225mL 稀释液的无菌均质袋中，用拍击式均质器拍打 1~2min，制成 1∶10 的样品匀液。

②液体样品：以无菌吸管吸取 25mL 样品置于盛有 225mL 磷酸盐缓冲液或生理盐水的无菌锥形瓶（瓶内预置适当数量的无菌玻璃珠）中，充分混匀，制成 1∶10 的样品匀液。

③用 1mL 无菌吸管或微量移液器吸取 1∶10 样品匀液 1mL，沿管壁缓慢注于盛有 9mL 稀释液的无菌试管中（注意吸管或吸头尖端不要触及稀释液面），振摇试管或换用 1 支 1mL 无菌吸管反复吹打使其混合均匀，制成 1∶100 的样品匀液。

④按操作程序③，制备 10 倍系列稀释样品匀液。每递增稀释一次，换用 1 次 1mL 无菌吸管或吸头。

（2）样品的接种　根据对样品污染状况的估计，选择 2~3 个适宜稀释度的样品匀液（液体样品可包括原液），在进行 10 倍递增稀释的同时，每个稀释度分别吸取 1mL 样品匀液以 0.3mL、0.3mL、0.4mL 接种量分别加入三块 Baird-Parker 平板，然后用无菌涂布棒涂布整个平板，注意不要触及平板边缘。使用前，如 Baird-Parker 平板表面有水珠，可放在 25~50℃ 的培养箱里干燥，直到平板表面的水珠消失。

（3）培养 在通常情况下，涂布后，将平板静置10min，如样液不易吸收，可将平板放在培养箱（36±1）℃培养1h；等样品匀液吸收后翻转平皿，倒置后于（36±1）℃培养24~48h。

（4）典型菌落计数和确认

①金黄色葡萄球菌在Baird-Parker平板上的特征见前文所述。

②选择有典型的金黄色葡萄球菌菌落的平板，且同一稀释度3个平板所有菌落数合计在20~200CFU的平板，计数典型菌落数。

③从典型菌落中至少选5个可疑菌落（小于5个全选）进行鉴定试验。分别做染色镜检、血浆凝固酶试验；同时划线接种到血平板（36±1）℃培养18~24h后观察菌落形态，金黄色葡萄球菌菌落较大，圆形、光滑凸起、湿润、金黄色（有时为白色），菌落周围可见完全透明溶血圈。

（5）结果计算

①若只有一个稀释度平板的典型菌落数在20~200CFU，计数该稀释度平板上的典型菌落，按式（5-2）计算。

②若最低稀释度平板的典型菌落数小于20CFU，计数该稀释度平板上的典型菌落，按式（5-2）计算。

③若某一稀释度平板的典型菌落数大于200CFU，但下一稀释度平板上没有典型菌落，计数该稀释度平板上的典型菌落，按式（5-2）计算。

④若某一稀释度平板的典型菌落数大于200CFU，而下一稀释度平板上虽有典型菌落但不在20~200CFU范围内，应计数该稀释度平板上的典型菌落，按式（5-2）计算。

⑤若2个连续稀释度的平板典型菌落数均在20~200CFU，按式（5-3）计算。

3. 计算公式

$$T = \frac{AB}{Cd} \tag{5-2}$$

式中 T——样品中金黄色葡萄球菌菌落数；

A——某一稀释度典型菌落的总数；

B——某一稀释度鉴定为阳性的菌落数；

C——某一稀释度用于鉴定试验的菌落数；

d——稀释因子。

$$T = \frac{A_1 B_1 / C_1 + A_2 B_2 / C_2}{1.1d} \tag{5-3}$$

式中 T——样品中金黄色葡萄球菌菌落数；

A_1——第一稀释度（低稀释倍数）典型菌落的总数；

B_1——第一稀释度（低稀释倍数）鉴定为阳性的菌落数；

C_1——第一稀释度（低稀释倍数）用于鉴定试验的菌落数；

A_2——第二稀释度（高稀释倍数）典型菌落的总数；

B_2——第二稀释度（高稀释倍数）鉴定为阳性的菌落数；

C_2——第二稀释度（高稀释倍数）用于鉴定试验的菌落数；

1.1——计算系数；

d——稀释因子（第一稀释度）。

4. 报告

根据 Baird-Parker 平板上金黄色葡萄球菌的典型菌落数，按式（5-2）、式（5-3）计算结果，报告每 1g（mL）样品中金黄色葡萄球菌数，以 CFU/g（mL）表示；如 T 值为 0，则以小于 1 乘最低稀释倍数报告。

（五）金黄色葡萄球菌 MPN 计数

1. 检验程序

金黄色葡萄球菌 MPN 计数法检验程序见图 5-8。

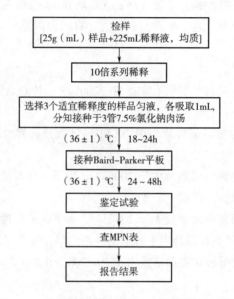

图 5-8　金黄色葡萄球菌 MPN 计数法检验程序

2. 操作步骤

（1）样品的稀释　按金黄色葡萄球菌 BP 平板计数中样品稀释的步骤进行。

（2）接种和培养

①根据对样品污染状况的估计，选择 3 个适宜稀释度的样品匀液（液体样品可包括原液），在进行 10 倍递增稀释时，每个稀释度分别吸取 1mL 样品匀液接种至 7.5% 氯化钠肉汤管（如接种量超过 1mL，则用双料 7.5% 氯化钠肉汤），每个稀释度接种 3 管，将上述接种物于（36±1）℃培养 18~24h。

②用接种环从培养后的 7.5% 氯化钠肉汤管中分别移取 1 环，分别接种至 Baird-Parker 平板，（36±1）℃培养 24~48h。

（3）典型菌落确认

①详见金黄色葡萄球菌 BP 平板计数中的典型菌落计数里的描述。

②从典型菌落中至少选 5 个可疑菌落（小于 5 个全选）进行鉴定试验。分别做染色镜检、血浆凝固酶试验；同时划线接种到血平板（36±1）℃培养 18~24h 后观察菌落形态，金黄色葡萄球菌菌落较大，圆形、光滑凸起、湿润、金黄色（有时为白色），菌落周围可见完全透明溶血圈。

3. 结果与报告

根据证实为金黄色葡萄球菌阳性的试管管数，查 MPN 检索表（参见表 5-1），报告每 1g（mL）样品中金黄色葡萄球菌的最可能数，以 MPN/g（mL）表示。

四、副溶血性弧菌的检验

副溶血性弧菌（*Vibrio parahaemolyticus*）归属于弧菌科弧菌属，是分布极广的一种嗜盐性海洋微生物。海产品常携带大量该菌，如食入此菌污染的食品，可引起急性胃肠炎。

弧（菌）属有几十种，能引起人或动物疾病及食物中毒的有副溶血弧菌和霍乱弧菌等多种。1950 年日本藤野从大阪一起沙丁鱼中毒的死者肠道内首次分离出该菌。日本是本菌中毒发病率最高的国家。据日本 1974—1983 年统计，在细菌性食物中毒中，副溶血弧菌引起食物中毒约占全部食物中毒的半数以上。在我国，1958 年由上海市卫生防疫站叶自隽等首次从烤鹅中毒病人的粪便、肠内容物、烤鹅和生鹅的肌肉、骨髓中分离到此菌。其引起的大规模食物中毒时有发生，如 1983 年河北省某盐场因食用海产品造成 1029 人食物中毒，1981 年浙江省某县水产公司出售的梭子蟹引起 1617 人食物中毒，1983 年某矿区居民吃熟蚶造成 2430 人食物中毒等。该状况在美国近几年也有发生，其他如巴拿马、罗马尼亚、马来西亚、印度、菲律宾、越南、韩国、泰国、新加坡均有报道，但一般散发者居多。

（一）副溶血性弧菌概述

1. 生物学性状

（1）形态与培养特征　革兰阴性、无芽孢杆菌，大小为（0.3~0.7）μm×（2~6）μm；单端一根鞭毛，或随培养条件转为周毛。运动活泼，两端浓染，易呈多形态，排列不规则，多单个散在排列，偶成对排列。在普通培养基中可生长，在含 2%~3%氯化钠培养基中生长最旺盛，无盐下不生长，盐浓度达 11%时不繁殖。pH 5.3~10，最适 7.4~8.2；发育温度 30~37℃，需氧性强。常在肉汤和陈水等液体培养基中混浊生长，表面形成菌膜；在固体培养基上菌落通常隆起、圆形、稍微不透明，表面光滑、湿润，一般不产色素；在血琼脂平板和嗜盐性平板上生长良好。

（2）生化特性　副溶血性弧菌的一般生化性状见表 5-13，副溶血性弧菌主要性状与其他（致病性）弧菌的鉴别见表 5-14。

表 5-13　　　　　　　　　　　　副溶血性弧菌的生化性状

试验项目	结果	试验项目	结果
革兰染色镜检	阴性，无芽孢	分解葡萄糖产气	−
氧化酶	+	乳糖	−
动力	+	硫化氢	−
蔗糖	−	赖氨酸脱羧酶	+
葡萄糖	+	VP 反应	−
甘露醇	+	ONPG	

注：+表示阳性；−表示阴性。

表 5-14　　　　　　　　　　　　　副溶血性弧菌主要性状与其他弧菌的鉴别

名称	氧化酶	赖氨酸	精氨酸	鸟氨酸	明胶	脲酶	VP反应	42℃生长	蔗糖	D-纤维二糖	乳糖	阿拉伯糖	D-甘露糖	D-甘露醇	ONPG	嗜盐性试验 氯化钠含量/% 0	3	6	8	10
副溶血性弧菌 *V. parahaemolyticus*	+	+	-	-	V	-	-	+	-	V	-	+	+	+	-	-	+	+	+	-
创伤弧菌 *V. vulnificus*	+	+	-	+	+	-	-	+	-	+	+	-	V	+	-	-	+	-	-	-
溶藻弧菌 *V. alginolyticus*	+	+	-	+	+	-	+	+	+	+	-	+	+	+	-	-	+	+	+	+
霍乱弧菌 *V. cholerae*	+	+	-	+	+	-	V	+	+	+	+	-	+	+	+	+	+	+	-	-
拟态弧菌 *V. mimicus*	+	+	-	+	+	-	+	+	-	+	+	-	+	+	+	+	+	-	-	-
河弧菌 *V. fluvialis*	+	-	+	-	+	-	V	+	+	+	-	+	+	+	+	-	+	+	-	-
弗氏弧菌 *V. furnissii*	+	-	+	-	+	-	V	+	+	+	-	+	+	+	+	-	+	+	+	-
梅氏弧菌 *V. metschnikovii*	-	+	+	-	+	-	+	V	+	+	-	+	+	+	+	-	+	+	V	-
霍利斯弧菌 *V. hollisae*	+	-	-	-	-	-	nd	-	-	-	-	+	+	+	+	-	-	+	+	-

注：+表示阳性；-表示阴性；nd 表示未试验；V 表示可变。

（3）血清学性状　有三种抗原即 O 抗原（菌体抗原）、K 抗原（荚膜抗原）和 H 抗原（鞭毛抗原），其中 O 抗原为耐热性抗原，经100℃后仍保留抗原性，O 抗原有 28 个，K 抗原有 64 个。

2. 致病性及中毒机制

该菌对人能引起急性胃肠炎，是引起食物中毒最主要的致病菌，如摄入带有大量（10^6）菌的食物，一般在 4~28h，多数 10h 左右发病，短者 2~3h 即发病。初期症状为腹部不适，上腹部疼痛或胃部痉挛，恶心、呕吐、发烧腹泻等，逐渐感到激烈腹痛和脐部阵发性绞痛，大多持续 1~2d 后减轻。从报道看，本菌引起中毒腹泻者一般有两种类型，最常见的是以水样便腹泻为主，并出现腹痛、恶心、呕吐、发烧等症状；另一种是以痢疾症状为主，即出现黏液便或黏血便，易引起虚脱、血压下降。

该菌致病常与神奈川现象密切关联。神奈川现象即在我妻氏（Wagstsuma）培养基（蛋白胨 10g，酵母浸膏 3g，NaCl 70g，KH_2PO_4 5g，琼脂 15～20g，蒸馏水 1000mL，加热熔化后加甘露醇 1%，0.001g 结晶紫，并加入人血或兔血 5%）于 37℃、24h 培养后，在单个菌落下面呈透明溶血者为神奈川现象阳性，在菌落周围不出现透明溶血环或菌落下面完全不透明时为神奈川现象阴性。

副溶血弧菌来源于海水，在夏天的沿海海域的泥土，浮游生物及鱼蟹虾贝类等都广泛分布，尤以海产品类带菌最高。水产制品、腌制食品、海产品、生食或冷食食品均有可能引起食物中毒。

该菌污染食品后如温度适宜经 2～4h，菌数即可达到中毒量，6h 后可使食品腐败。贮存、运输、销售过程中冷藏是个重要步骤，温度降低可使该菌活性减弱，实验证明在 5℃ 下贮存，数日后即逐渐死亡。

该菌食物中毒的发生常是由于烹调不当，没烧熟煮透，里生外熟，细菌不能全部被杀死，或是器具容器没洗干净，生熟不分而造成污染。本菌多是附着在鱼体表面，经充分冲洗干净，烧熟煮透可达预防效果，且此菌耐碱怕酸，在 100℃ 沸水中和在 1% 食醋中 1min 可被杀死，60～80℃、15min 可大部分被杀死。有时熟食放置时间过长，食前不加热等也可引起中毒发生。

（二）检验前准备

1. 设备和材料

除微生物实验室常规灭菌及培养设备外，其他设备和材料如下：

（1）恒温培养箱　（36±1）℃；

（2）冰箱　2～5℃、7～10℃；

（3）恒温水浴箱　（36±1）℃；

（4）均质器或无菌乳钵；

（5）天平　感量 0.1g；

（6）无菌试管　18mm×180mm、15mm×100mm；

（7）无菌吸管　1mL（具 0.01mL 刻度）、10mL（具 0.1mL 刻度）或微量移液器及吸头；

（8）无菌锥形瓶　容量 250mL、500mL、1000mL；

（9）无菌培养皿　直径 90mm；

（10）全自动微生物生化鉴定系统；

（11）灭菌手术剪、镊子。

2. 培养基和试剂

（1）3% 氯化钠碱性蛋白胨水（APW）；

（2）硫代硫酸盐—柠檬酸盐—胆盐—蔗糖（TCBS）琼脂；

（3）3% 氯化钠胰蛋白胨大豆（TSA）琼脂；

（4）3% 氯化钠三糖铁（TSI）琼脂；

（5）嗜盐性试验培养基；

（6）3% 氯化钠甘露醇试验培养基；

（7）3% 氯化钠赖氨酸脱羧酶试验培养基；

（8）3% 氯化钠 MR-VP 培养基；

（9）我妻氏血琼脂；

（10）氧化酶试剂；

（11）革兰染色液；

（12）ONPG 试剂；

（13）Voges Proskauer（VP）试剂；

（14）弧菌显色培养基；

（15）生化鉴定试剂盒。

（三）检验方法

1. 检验程序

副溶血性弧菌的检验程序见图 5-9。

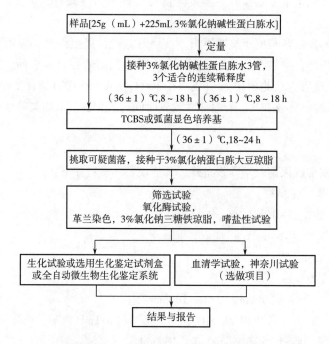

图 5-9　副溶血性弧菌的检验程序

2. 检验步骤

（1）样品制备

①非冷冻样品采集后应立即置于 7~10℃ 冰箱保存，尽可能及早检验；冷冻样品应在 45℃ 以下不超过 15min 或在 2~5℃ 不超过 18h 解冻。

②鱼类和头足类动物取表面组织、肠或鳃。贝类取全部内容物，包括贝肉和体液；甲壳类取整个动物，或者动物的中心部分，包括肠和鳃。如为带壳贝类或甲壳类，则应先在自来水中洗刷外壳并甩干表面水分，然后以无菌操作打开外壳，按上述要求取相应部分。

③以无菌操作取样品 25g（mL），加入 3%氯化钠碱性蛋白胨水 225mL，用旋转刀片式均质器以 8000r/min 均质 1min，或拍击式均质器拍击 2min，制备成 1∶10 的均匀稀释液。如无均质器，则将样品放入无菌乳钵，自 225mL 3%氯化钠碱性蛋白胨水中取少量稀释液加入无菌乳钵，样品磨碎后放入 500mL 无菌锥形瓶，再用少量稀释液冲洗乳钵中的残留样品 1~2 次，洗液放入锥形瓶，最后将剩余稀释液全部放入锥形瓶，充分振荡，制备 1∶10 的样品匀液。

（2）增菌

①定性检测：将上述 1:10 样品匀液于（36±1）℃培养 8~18h。

②定量检测：

a. 用无菌吸管吸取 1:10 样品匀液 1mL，注入含有 9mL 3%氯化钠碱性蛋白胨水的试管内，振摇试管混匀，制备 1:100 的稀释液。

b. 另取 1mL 无菌吸管，按上条操作依次制备 10 倍系列稀释样品匀液，每递增稀释一次，换用 1 支 1mL 无菌吸管。

c. 根据对检样污染情况的估计，选择 3 个适宜的连续稀释度，每个稀释度接种 3 支含有 9mL 3%氯化钠碱性蛋白胨水的试管，每管接种 1mL。置（36±1）℃恒温箱内，培养 8~18h。

（3）分离

①对所有显示生长的增菌液，用接种环在距离液面以下 1cm 内沾取一环增菌液，于 TCBS 平板或弧菌显色培养基平板上划线分离。一支试管划线一块平板。于（36±1）℃培养 18~24h。

②典型的副溶血性弧菌在 TCBS 上呈现为圆形、半透明、表面光滑的绿色菌落，用接种环轻触，有类似口香糖的质感，直径 2~3mm。从培养箱取出 TCBS 平板后，应尽快（不超过 1h）挑取菌落或标记要挑取的菌落。典型的副溶血性弧菌在弧菌显色培养基上的特征按照产品说明进行判定。

（4）纯培养 挑取 3 个或以上的可疑菌落，划线接种 3%氯化钠胰蛋白胨大豆琼脂平板，（36±1）℃培养 18~24h。

（5）初步鉴定

①氧化酶试验：挑选纯培养的单个菌落进行氧化酶试验，副溶血性弧菌为氧化酶阳性。

②涂片镜检：将可疑菌落涂片，进行革兰染色，镜检观察形态。副溶血性弧菌为革兰阴性，呈棒状、弧状、卵圆状等多形态，无芽孢，有鞭毛。

③挑取纯培养的单个可疑菌落，转种 3%氯化钠三糖铁琼脂斜面并穿刺底层，（36±1）℃培养 24h 观察结果。副溶血性弧菌在 3%氯化钠三糖铁琼脂中的反应为底层变黄不变黑，无气泡，斜面颜色不变或红色加深，有动力。

④嗜盐性试验：挑取纯培养的单个可疑菌落，分别接种 0%、6%、8%和 10%不同氯化钠浓度的胰胨水，（36±1）℃培养 24h，观察液体混浊情况。副溶血性弧菌在无氯化钠和 10%氯化钠的胰胨水中不生长或微弱生长，在 6%氯化钠和 8%氯化钠的胰胨水中生长旺盛。

（6）确定鉴定 取纯培养物分别接种含 3%氯化钠的甘露醇试验培养基、赖氨酸试验培养基、MR-VP 培养基，（36±1）℃培养 24~48h 后观察结果；3%氯化钠三糖铁琼脂隔夜培养物进行 ONPG 试验。可选择生化鉴定试剂盒或全自动微生物生化鉴定系统。

3. 血清学分型（选做项目）

（1）制备 接种两管 3%氯化钠胰蛋白胨大豆琼脂试管斜面，（36±1）℃培养 18~24h。用含 3%氯化钠的 5%甘油溶液冲洗 3%氯化钠胰蛋白胨大豆琼脂斜面培养物，获得浓厚的菌悬液。

（2）K 抗原的鉴定 取一管上述制备好的菌悬液，首先用多价 K 抗血清进行检测，出现凝集反应后再用单个的抗血清进行检测。用记号笔（或蜡笔）在一张载玻片上划出适当数量的间隔和一个对照间隔。在每个间隔内各滴加一滴菌悬液，并对应加入一滴 K 抗血清。在对照间隔内加一滴 3%氯化钠溶液。轻微倾斜载玻片，使各成分相混合，再前后倾动载玻片 1min。

阳性凝集反应可以立即观察到。

（3）O 抗原的鉴定　将另外一管的菌悬液转移到离心管内，121℃灭菌 1h。灭菌后 4000r/min 离心 15min，弃去上层液体，沉淀用生理盐水洗三次，每次 4000r/min 离心 15min，最后一次离心后留少许上层液体，混匀制成菌悬液。用记号笔将载玻片划分成相等的间隔。在每个间隔内加入一滴菌悬液，将 O 群血清（与表 5-15 的抗原相对应的血清）分别加一滴到间隔内，最后一个间隔加一滴生理盐水作为自凝对照。轻微倾斜载玻片，使各成分相混合，再前后倾动载玻片 1min。阳性凝集反应可以立即观察到。如果未见到与 O 群血清的凝集反应，将菌悬液 121℃再次高压灭菌 1h 后，重新检测。如果仍旧为阴性，则培养物的 O 抗原属于未知。根据表 5-15 报告血清学分型结果。

表 5-15　　　　　　　　　　　　　　　　副溶血性弧菌的抗原

O 群	K 型
1	1, 5, 20, 25, 26, 32, 38, 41, 56, 58, 60, 64, 69
2	3, 28
3	4, 5, 6, 7, 25, 29, 30, 31, 33, 37, 43, 45, 48, 54, 56, 57, 58, 59, 72, 75
4	4, 8, 9, 10, 11, 12, 13, 34, 42, 49, 53, 55, 63, 67, 68, 73
5	15, 17, 30, 47, 60, 61, 68
6	18, 46
7	19
8	20, 21, 22, 39, 41, 70, 74
9	23, 44
10	24, 71
11	19, 36, 40, 46, 50, 51, 61
12	19, 52, 61, 66
13	65

4. 神奈川试验（选做项目）

神奈川试验是在我妻氏琼脂上测试是否存在特定溶血素。神奈川试验阳性结果与副溶血性弧菌分离株的致病性显著相关。

用接种环将测试菌株（3%氯化钠胰蛋白胨大豆琼脂 18h 培养物）点种于表面干燥的我妻氏血琼脂平板。每个平板上可以环状点种几个菌。(36±1)℃培养不超过 24h，并立即观察。阳性结果为菌落周围呈半透明环的 β 溶血。

5. 结果与报告

当检出的可疑菌落生化学性状符合表 5-13 要求时，报告 25g（mL）样品中检出副溶血性弧菌。如果进行定量检测，根据证实为副溶血性弧菌阳性的试管管数，查 MPN 检索表（参见本书表 5-1），报告每 1g（mL）副溶血性弧菌的 MPN 值。

五、蜡样芽孢杆菌的检验

蜡样芽孢杆菌在自然界的分布比较广泛，空气、土壤、尘埃、水和腐烂草中均有存在，植物和许多生熟食品中亦常见。据经试验调查的 514 件食品样品中，发现蜡样芽孢杆菌者：肉制品中 26%，乳制品中 77%，蔬菜、水果和干果中 51%。

食品中蜡样芽孢杆菌的来源，主要为外界所污染，由于食品在加工、运输、保藏及销售过程中的不卫生情况，而使该菌在食品中大量污染传播，因此，检测食品中蜡样芽孢杆菌有重要的卫生学意义。

（一）蜡样芽孢杆菌概述

1. 生物学特性

（1）形态特性　蜡样芽孢杆菌为革兰阳性大杆菌，大小为（1~1.3）μm×（3~5）μm，兼性需氧，形成芽孢，芽孢不突出菌体，菌体两端较平整，多数呈链状排列，与炭疽杆菌相似。引起食物中毒的菌株多为周鞭毛，有动力。

（2）培养特性　蜡样芽孢杆菌生长温度为 25~37℃，最佳温度 30~32℃。在肉汤中生长浑浊有菌膜或壁环，振摇易乳化。在普通琼脂上生成的菌落较大，直径 3~10mm，灰白色、不透明，表面粗糙似毛玻璃状或熔蜡状，边缘常呈扩展状。偶有产生黄绿色色素，在血琼脂平板上呈草绿色溶血。在甘露醇卵黄多黏菌素（MYP）平板上，呈伊红粉色菌落。

（3）生化特性　蜡样芽孢杆菌分解葡萄糖、麦芽糖、蔗糖、水杨苷，产酸不产气。不分解乳糖、甘露醇、阿拉伯糖。胨化牛乳、液化明胶，还原美蓝。VP 反应阳性。吲哚阴性、硫化氢阴性，硝酸盐还原不定。分解或不分解淀粉，产生卵磷脂酶，厌氧利用葡萄糖产酸，分解 L-酪氨酸、能在含 0.001% 溶菌酶的培养液中生长。但经多次传代，有的性状发生改变。在复杂培养基中厌氧生长。葡萄糖和硝酸盐促进其生长。

（4）耐热性　蜡杆芽孢杆菌耐热，其 37℃、16h 的肉汤培养物的 D_{80} 值（在 80℃时使细菌数减少 90% 所需的时间）为 10~15min；使肉汤中细菌（$2.4×10^7$/mL）转为阴性需 100℃、20min。其游离芽孢能耐受 100℃、30min，而干热灭菌需 120℃、60min 才能杀死。

2. 流行病学

（1）细菌分布　蜡样芽孢杆菌在自然界分布广泛，常存在于土壤、灰尘和污水中，植物和许多生熟食品中常见。已从多种食品中分离出该菌，包括肉、乳制品、蔬菜、鱼、土豆、酱油、布丁、炒米饭以及各种甜点等。

在美国，炒米饭是引发蜡样芽孢杆菌呕吐型食物中毒的主要原因；在欧洲大多由甜点、肉饼、色拉和乳制品、肉类食品引起；在我国主要与受污染的米饭或淀粉类制品有关。

（2）流行情况　蜡样芽孢杆菌作为一种食源性疾病的报道较多，在各种食品中的检出率也较高。

蜡样芽孢杆菌食物中毒发生率通常以夏秋季（6~10 月）最高。引起中毒的食品常于食前保存温度不当，放置时间较长，或经加热而残存的芽孢以生长繁殖状态存在，因而导致中毒。中毒的发病率较高，一般为 60%~100%。但也有在可疑食品中找不到蜡样芽孢杆菌而引起食物中毒的情况，一般认为是由于蜡杆芽孢杆菌产生的热稳定毒素所致。1985 年 9 月，美国缅因州的健康局报道了在一家日本餐馆发生食物中毒而导致的胃肠炎事件，经调查所有的食品其加工和贮存都是规范的，仅用剩饭制作的炒饭是冷藏储放还是室温放置说不清楚，在炒饭中虽然找不到活的蜡样芽孢杆菌，但是完全存在重新加热过程中消除了活菌而没有破坏热稳定毒素的可能性。

（3）临床症状　当摄入的食品中蜡样芽孢杆菌数量达>10^6 个/g 时常可导致食物中毒。

蜡样芽孢杆菌食物中毒在临床上可分为呕吐型和腹泻型两类。呕吐型的潜伏期为 0.5~6h，中毒症状以恶心、呕吐为主，偶尔有腹痉挛或腹泻等症状，病程不超过 24h，这种类型的症状类似于由金黄色葡萄球菌引起的食物中毒。腹泻型的潜伏期为 6~15h，症状以水泻、腹痉挛、腹痛为主，有时会有恶心等症状，病程约 24h，这种类型的症状类似于产气荚膜梭菌引起的食物中毒。

3. 致病性

蜡样芽孢杆菌引起食物中毒是由于该菌产生肠毒素。它产生两种性质不同的代谢物，引起腹泻型综合征的是一种大分子量蛋白；而引起呕吐型综合征的被认为是一种小分子量、热稳定的多肽。

致呕吐型综合征的肠毒素为环形多肽，致腹泻型综合征的肠毒素为蛋白质。相对分子质量为 $(3.8~4.6)\times10^4$。致腹泻的肠毒素能使小白鼠致死。见表 5-16。

表 5-16　　　　　　　　　　蜡样芽孢杆菌腹泻和呕吐毒素的性状

性状	腹泻毒素	呕吐毒素
相对分子质量	$(3.8~4.6)\times10^4$	1153.38
稳定性	56℃、5min、pH 为 3 或 11 时毒性消失	126℃、90min、pH 为 2 或 11.2 时毒性残存
活性	致猴腹泻对胰蛋白酶敏感	致猴呕吐对胃蛋白酶、胰蛋白酶耐受
抗原性	特异性抗体中和试验阳性	无抗原性

（二）检验前准备

1. 设备和材料

除微生物实验室常规灭菌及培养设备外，其他设备和材料如下：

（1）冰箱　2~5℃；

（2）恒温培养箱　（30±1)℃、（36±1)℃；

（3）均质器；

（4）电子天平　感量 0.1g；

（5）无菌锥形瓶　100mL、500mL；

（6）无菌吸管　1mL（具 0.01mL 刻度），10mL（具 0.1mL 刻度）或微量移液器及吸头；

（7）无菌平皿　直径 90mm；

（8）无菌试管　18mm×180mm；

（9）显微镜　10~100 倍（油镜）；

（10）L 涂布棒。

2. 培养基和试剂

（1）磷酸盐缓冲液（PBS）；

（2）甘露醇卵黄多黏菌素（MYP）琼脂；

（3）胰酪胨大豆多黏菌素肉汤；

（4）营养琼脂；

（5）过氧化氢溶液；

（6）动力培养基；

（7）硝酸盐肉汤；

（8）酪蛋白琼脂；

（9）硫酸锰营养琼脂培养基；

（10）0.5%碱性复红；

（11）糖发酵管；

（12）VP培养基；

（13）胰酪胨大豆羊血（TSSB）琼脂；

（14）溶菌酶营养肉汤；

（15）西蒙氏柠檬酸盐培养基；

（16）明胶培养基。

（三）检验方法

选用蜡样芽孢杆菌平板计数法（第一法）。

1. 检验程序

蜡样芽孢杆菌平板计数法检验程序见图5-10。

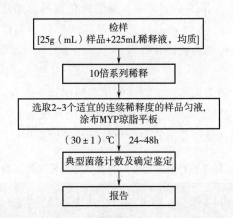

图5-10　蜡样芽孢杆菌平板计数法检验程序

2. 检验步骤

（1）样品处理　冷冻样品应在45℃以下不超过15min或在2~5℃不超过18h解冻，若不能及时检验，应放于-20~-10℃保存；非冷冻而易腐的样品应尽可能及时检验，若不能及时检验，应置于2~5℃冰箱保存，24h内检验。

（2）样品制备　称取样品25g，放入盛有225mL PBS或生理盐水的无菌均质杯内，用旋转刀片式均质器以8000~10000r/min均质1~2min，或放入盛有225mL PBS或生理盐水的无菌均质袋中，用拍击式均质器拍打1~2min。若样品为液态，吸取25mL样品至盛有225mL PBS或生理盐水的无菌锥形瓶（瓶内可预置适当数量的无菌玻璃珠）中，振荡混匀，作为1∶10的样品匀液。

（3）样品的稀释　吸取上述 1∶10 的样品匀液 1mL 加到装有 9mL PBS 或生理盐水的稀释管中，充分混匀制成 1∶100 的样品匀液。根据对样品污染状况的估计，按上述操作，依次制成十倍递增系列稀释样品匀液。每递增稀释 1 次，换用 1 支 1mL 无菌吸管或吸头。

（4）样品接种　根据对样品污染状况的估计，选择 2~3 个适宜稀释度的样品匀液（液体样品可包括原液），以 0.3mL、0.3mL、0.4mL 接种量分别移入三块 MYP 琼脂平板，然后用无菌 L 棒涂布整个平板，注意不要触及平板边缘。使用前，如 MYP 琼脂平板表面有水珠，可放在 25~50℃ 的培养箱里干燥，直到平板表面的水珠消失。

（5）分离、培养

①分离：在通常情况下，涂布后，将平板静置 10min。如样液不易吸收，可将平板放在培养箱（30±1）℃培养 1h，等样品匀液吸收后翻转平皿，倒置于培养箱，（30±1）℃培养（24±2）h。如果菌落不典型，可继续培养（24±2）h 再观察。在 MYP 琼脂平板上，典型菌落为微粉红色（表示不发酵甘露醇），周围有白色至淡粉红色沉淀环（表示产卵磷脂酶）。

②纯培养：从每个平板（选择有典型蜡样芽孢杆菌菌落的平板，且同一稀释度 3 个平板所有菌落数合计在 20~200CFU 的平板）中挑取至少 5 个典型菌落（小于 5 个全选），分别划线接种于营养琼脂平板做纯培养，（30±1）℃培养（24±2）h，进行确证实验。在营养琼脂平板上，典型菌落为灰白色，偶有黄绿色，不透明，表面粗糙似毛玻璃状或熔蜡状，边缘常呈扩展状，直径为 4~10mm。

3. 确定鉴定

（1）染色镜检　挑取纯培养的单个菌落，革兰染色镜检。蜡样芽孢杆菌为革兰阳性芽孢杆菌，大小为（1~1.3）μm×（3~5）μm，芽孢呈椭圆形位于菌体中央或偏端，不膨大于菌体，菌体两端较平整，多呈短链或长链状排列。

（2）生化鉴定

①概述：挑取纯培养的单个菌落，进行过氧化氢酶试验、动力试验、硝酸盐还原试验、酪蛋白分解试验、溶菌酶耐性试验、VP 试验、葡萄糖利用（厌氧）试验、根状生长试验、溶血试验、蛋白质毒素结晶试验。蜡样芽孢杆菌生化特征与其他芽孢杆菌的区别见表 5-17。

表 5-17　　　　　　　　蜡样芽孢杆菌生化特性与其他芽孢杆菌的区别

项目	蜡样芽孢杆菌 *Bacillus cereus*	苏云金芽孢杆菌 *Bacillus thuringiensis*	蕈状芽孢杆菌 *Bacillus mycoides*	炭疽芽孢杆菌 *Bacillus anthracis*	巨大芽孢杆菌 *Bacillus megaterium*
革兰染色	+	+	+	+	+
过氧化氢酶	+	+	+	+	+
动力	+/-	+/-	-	-	+/-
硝酸盐还原	+	+/-	+	+	-/+
酪蛋白分解	+	+	+/-	-/+	+/-
溶菌酶耐性	+	+	+	+	+
卵黄反应	+	+	+	+	-

续表

项目	蜡样芽孢杆菌 *Bacillus cereus*	苏云金芽孢杆菌 *Bacillus thuringiensis*	蕈状芽孢杆菌 *Bacillus mycoides*	炭疽芽孢杆菌 *Bacillus anthracis*	巨大芽孢杆菌 *Bacillus megaterium*
葡萄糖利用（厌氧）	+	+	+	+	
VP 试验	+	+	+	+	
甘露醇产酸	−	−	−	−	+
溶血（羊红细胞）	+	+	+	−/+	−
根状生长	−	−	+	−	−
蛋白质毒素晶体	−	+	−	−	−

注：+表示 90%~100%的菌株阳性；−表示 90%~100%的菌株阴性；+/−表示大多数菌株阳性；−/+表示大多数菌株阴性。

　　②动力试验：用接种针挑取培养物穿刺接种于动力培养基中，30℃培养 24h。有动力的蜡样芽孢杆菌应沿穿刺线呈扩散生长，而蕈状芽孢杆菌常呈 "绒毛状" 生长。也可用悬滴法检查。

　　③溶血试验：挑取纯培养的单个可疑菌落接种于 TSSB 琼脂平板上，（30±1）℃ 培养（24±2）h。蜡样芽孢杆菌菌落为浅灰色，不透明，似白色毛玻璃状，有草绿色溶血环或完全溶血环。苏云金芽孢杆菌和蕈状芽孢杆菌呈现弱的溶血现象，而多数炭疽芽孢杆菌为不溶血，巨大芽孢杆菌为不溶血。

　　④根状生长试验：挑取单个可疑菌落按间隔 2~3cm 距离划平行直线于经室温干燥 1~2d 的营养琼脂平板上，（30±1）℃培养 24~48h，不能超过 72h。用蜡样芽孢杆菌和蕈状芽孢杆菌标准株作为对照进行同步试验。蕈状芽孢杆菌呈根状生长的特征。蜡样芽孢杆菌菌株呈粗糙山谷状生长的特征。

　　⑤溶菌酶耐性试验：用接种环取纯菌悬液一环，接种于溶菌酶肉汤中，（36±1）℃培养 24h。蜡样芽孢杆菌在本培养基（含 0.001%溶菌酶）中能生长。如出现阴性反应，应继续培养 24h。巨大芽孢杆菌不生长。

　　⑥蛋白质毒素结晶试验：挑取纯培养的单个可疑菌落接种于硫酸锰营养琼脂平板上，（30±1）℃培养（24±2）h，并于室温放置 3~4d，挑取培养物少许于载玻片上，滴加蒸馏水混匀并涂成薄膜。经自然干燥，微火固定后，加甲醇作用 30s 后倾去，再通过火焰干燥，于载玻片上滴满 0.5%碱性复红，放火焰上加热（微见蒸气，勿使染液沸腾）持续 1~2min，移去火焰，再更换染色液再次加温染色 30s，倾去染液用洁净自来水彻底清洗、晾干后镜检。观察有无游离芽孢（浅红色）和染成深红色的菱形蛋白结晶体。如发现游离芽孢形成的不丰富，应再将培养物置室温 2~3d 后进行检查。除苏云金芽孢杆菌外，其他芽孢杆菌不产生蛋白结晶体。

　　（3）生化分型（选做项目）　根据对柠檬酸盐利用、硝酸盐还原、淀粉水解、VP 试验反应、明胶液化试验，将蜡样芽孢杆菌分成不同生化型别，见表 5-18。

表 5–18　　　　　　　　　　　　　　　　蜡样芽孢杆菌生化分型

型别	生化试验				
	柠檬酸盐利用	硝酸盐还原	淀粉水解	VP 反应	明胶液化
1	+	+	+	+	+
2	–	+	+	+	+
3	+	+	–	+	+
4	–		+	+	+
5	–			+	+
6	+	–	–	+	+
7	+		+	+	+
8	–	+	–	+	+
9	–	+	–	–	+
10		+		+	+
11	+	+	+	–	+
12	+	+			+
13	–		+		+
14	+	–	–	–	+
15	+				+

注：+表示 90%～100% 的菌株阳性；–表示 90%～100% 的菌株阴性。

4. 结果计算

（1）典型菌落计数和确认

①选择有典型蜡样芽孢杆菌菌落且同一稀释度 3 个平板所有菌落数合计在 20～200CFU 的平板，计数典型菌落数。如果出现下述 a～f 现象按式（5-4）计算，如果出现 g 现象则按式（5-5）计算：

a. 只有一个稀释度的平板菌落数在 20～200CFU 且有典型菌落，计数该稀释度平板上的典型菌落；

b. 2 个连续稀释度的平板菌落数均在 20～200CFU，但只有一个稀释度的平板有典型菌落，应计数该稀释度平板上的典型菌落；

c. 所有稀释度的平板菌落数均小于 20CFU 且有典型菌落，应计数最低稀释度平板上的典型菌落；

d. 某一稀释度的平板菌落数大于 200CFU 且有典型菌落，但下一稀释度平板上没有典型菌落，应计数该稀释度平板上的典型菌落；

e. 所有稀释度的平板菌落数均大于 200CFU 且有典型菌落，应计数最高稀释度平板上的典型菌落；

f. 所有稀释度的平板菌落数均不在 20～200CFU 且有典型菌落，其中一部分小于 20CFU 或大于 200CFU 时，应计数最接近 20CFU 或 200CFU 的稀释度平板上的典型菌落；

g. 2 个连续稀释度的平板菌落数均在 20～200 CFU 且均有典型菌落。

②从每个平板中至少挑取5个典型菌落（小于5个全选），划线接种于营养琼脂平板做纯培养，（30±1）℃培养（24±2）h。

（2）计算公式

①菌落计算公式：见式（5-4）。

$$T = \frac{AB}{Cd} \tag{5-4}$$

式中　T——样品中蜡样芽孢杆菌菌落数；

　　　A——某一稀释度蜡样芽孢杆菌典型菌落的总数；

　　　B——鉴定结果为蜡样芽孢杆菌的菌落数；

　　　C——用于蜡样芽孢杆菌鉴定的菌落数；

　　　d——稀释因子。

②菌落计算公式：见式（5-5）。

$$T = \frac{A_1 B_1/C_1 + A_2 B_2/C_2}{1.1d} \tag{5-5}$$

式中　T——样品中蜡样芽孢杆菌菌落数；

　　　A_1——第一稀释度（低稀释倍数）蜡样芽孢杆菌典型菌落的总数；

　　　A_2——第二稀释度（高稀释倍数）蜡样芽孢杆菌典型菌落的总数；

　　　B_1——第一稀释度（低稀释倍数）鉴定结果为蜡样芽孢杆菌的菌落数；

　　　B_2——第二稀释度（高稀释倍数）鉴定结果为蜡样芽孢杆菌的菌落数；

　　　C_1——第一稀释度（低稀释倍数）用于蜡样芽孢杆菌鉴定的菌落数；

　　　C_2——第二稀释度（高稀释倍数）用于蜡样芽孢杆菌鉴定的菌落数；

　　　1.1——计算系数（如果第二稀释度蜡样芽孢杆菌鉴定结果为0，计算系数采用1）；

　　　d——稀释因子（第一稀释度）。

5. 结果与报告

（1）根据MYP平板上蜡样芽孢杆菌的典型菌落数，按式（5-4）、式（5-5）计算，报告每1g（mL）样品中蜡样芽孢杆菌菌数，以CFU/g（mL）表示；如T值为0，则以小于1乘最低稀释倍数报告。

（2）必要时报告蜡样芽孢杆菌生化分型结果。

（四）蜡样芽孢杆菌MPN计数法（第二法）

1. 检验程序

蜡样芽孢杆菌MPN计数法检验程序见图5-11。

2 操作步骤

（1）样品处理　冷冻样品应在45℃以下不超过15min或在2~5℃不超过18h解冻，若不能及时检验，应放于-20~-10℃保存；非冷冻而易腐的样品应尽可能及时检验，若不能及时检验，应置于2~5℃冰箱保存，24h内检验。

（2）样品制备　称取样品25g，放入盛有225mL PBS或生理盐水的无菌均质杯内，用旋转刀片式均质器以8000~10000r/min均质1~2min，或放入盛有225mL PBS或生理盐水的无菌均质袋中，用拍击式均质器拍打1~2min。若样品为液态，吸取25mL样品至盛有225mL PBS或生理盐水的无菌锥形瓶（瓶内可预置适当数量的无菌玻璃珠）中，振荡混匀，作为1：10的样

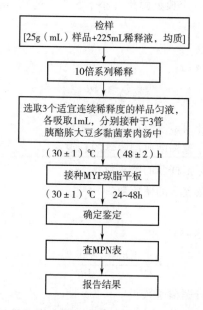

图 5-11　蜡样芽孢杆菌 MPN 计数法检验程序

品匀液。

（3）样品的稀释　吸取上述 1：10 的样品匀液 1mL 加到装有 9mL PBS 或生理盐水的稀释管中，充分混匀制成 1：100 的样品匀液。根据对样品污染状况的估计，按上述操作，依次制成十倍递增系列稀释样品匀液。每递增稀释 1 次，换用 1 支 1mL 无菌吸管或吸头。

（4）样品接种　取 3 个适宜连续稀释度的样品匀液（液体样品可包括原液），接种于 10mL 胰酪胨大豆多黏菌素肉汤中，每一稀释度接种 3 管，每管接种 1mL（如果接种量需要超过 1mL，则用双料胰酪胨大豆多黏菌素肉汤）。于（30±1）℃培养（48±2）h。

（5）培养　用接种环从各管中分别移取 1 环，划线接种到 MYP 琼脂平板上，（30±1）℃培养（24±2）h。如果菌落不典型，可继续培养（24±2h）再观察。

（6）确定鉴定　从每个平板选取 5 个典型菌落（小于 5 个全选），划线接种于营养琼脂平板做纯培养，（30±1）℃培养（24±2）h，进行确定实验，见上述"确定鉴定"。

3. 结果与报告

根据证实为蜡样芽孢杆菌阳性的试管管数，查 MPN 检索表（见表 5-1），报告每 1g（mL）样品中蜡样芽孢杆菌的最可能数，以 MPN/g（mL）表示。

六、大肠埃希菌 O157：H7/NM 的检验

（一）大肠杆菌 O157：H7 概述

肠出血性大肠杆菌（EHEC）是能引起人的出血性腹泻和肠炎的一群大肠埃希菌。以 O157：H7（*E.coli* O157：H7）血清型为代表菌株。

1. 生物学特征

（1）形态与染色　革兰染色阴性，无芽孢，有鞭毛。

（2）培养特性　最适生长温度为 33～42℃，37℃繁殖迅速，44～45℃生长不良，45.5℃停

止生长。

（3）抵抗力　具有较强的耐酸性，pH 2.5~3.0，37℃可耐受5h；耐低温，能在冰箱内长期生存；在自然界的水中可存活数周至数月；不耐热，75℃、1min即被灭活；对氯敏感，被1mg/L的余氯浓度杀灭。

（4）生化反应　除不发酵或迟缓发酵山梨醇外，其他常见的生化特征与大肠埃希菌基本相似，但也有某些生化反应不完全一致。

（5）血清学鉴定　包括O抗原和H抗原的鉴定。前者可使用玻片凝集试验或胶乳凝集试验；后者则应先进行动力试验，动力活泼者再进行玻片和试管凝集试验。

2. 流行病学

E. coli O157：H7是从1982年在美国俄勒冈州和密歇根州，因食物中毒而引起出血性结肠炎的病人粪便中分离出而命名的。据美国疾病控制与预防中心（CDC）报告，每年美国约发现2万多例病人，死亡人数200~500人，并陆续在全球五大洲20多个国家被发现或引起暴发和流行。自1982年发现至今，发生规模最大的一次爆发是1997年5月下旬，日本冈山、广岛等县几十所中学和幼儿园相继发生6起集体食物中毒事件，人数多达1600人，导致3名儿童死亡，住院儿童达80人。同时日本仙台和鹿儿岛形成中毒人数过万人，死亡11人，波及44个都府县的爆发性食物中毒，引起全世界的关注。此外美国、加拿大、瑞典、澳大利亚、苏格兰、威尔士等国家和地区也相继报道了EHEC的散发性感染和暴发流行。

我国1988年首次分离到*E. coli* O157：H7。从已有的流行病学调查资料看，我国也存在散发病例，还没有爆发流行的报道。近几年也通过监测，先后从牛、猪、羊及其粪便，肉类等食品中查到*E. coli* O157：H7。

其流行特点：

①季节性：多发生于夏秋两季6~9月为发病高峰。11月至次年2月极少发病。

②地区分布：多发生于发达国家，主要以散发性为主。

③易感人群：儿童5~9岁、老人50~59岁明显高于其他年龄组，最小3个月，最大85岁。

④宿主：农场动物牛、羊、猪、鸡、马、鹿、鸽子、海鸥等均可能为*E. coli*O157：H7的携带者。

⑤食源性*E. coli* O157：H7感染：牛肉、生乳、鸡肉及其制品，蔬菜、水果及制品等均可引起污染，其中牛肉是最主要的传播载体。

3. 致病性

（1）致病因素　*E. coli* O157：H7的另一个显著特征是可产生大量的Vero毒素（VT），也称作类志贺毒素（SLT），是EHEC的主要致病因子。VT按免疫原性等方面的不同可分为VT1和VT2。该毒素有一个A亚单位和5~6个B亚单位组成。B亚单位与宿主肠壁细胞糖脂受体结合，具有毒素活性的A亚单位进入细胞，改变60s核糖体的组分，干扰蛋白质的合成。编码VT的基因位于噬菌体上，可缺失而不产生VT。

（2）所致疾病

①轻度腹泻。

②出血性结肠炎（HC）。

③溶血性尿毒综合征（HUS）。

④血栓性血小板减少性紫癜（TTP）。

*E. coli*O157：H7 的感染剂量极低，估计为 10~100 个细胞。潜伏期为 3~10d，病程 2~9d。通常是突然发生剧烈腹痛和水样腹泻，数天后出现出血性腹泻，可发热或不发热。部分患者可发展为 HUS、TTP 等，严重者可导致死亡。

（二）检验前准备

1. 设备和材料

除微生物实验室常规灭菌及培养设备外，其他设备和材料如下：

（1）恒温培养箱　（36±1)℃；

（2）冰箱　2~5℃；

（3）恒温水浴箱　（46±1)℃；

（4）天平　感量 0.1g、0.01g；

（5）均质器；

（6）显微镜　10~100 倍；

（7）无菌吸管　1mL（具 0.01mL 刻度），10mL（具 0.1mL 刻度）或微量移液器及吸头；

（8）无菌均质杯或无菌均质袋　容量 500mL；

（9）无菌培养皿　直径 90mm；

（10）pH 计或精密 pH 试纸；

（11）长波紫外光灯　365nm，功率≤6W；

（12）微量离心管　1.5mL 或 2.0mL；

（13）磁板、磁板架、样品混合器；

（14）微生物鉴定系统。

2. 培养基和试剂

（1）改良 EC 肉汤（mEC+n）；

（2）改良山梨醇麦康凯琼脂（CT-SMAC）；

（3）三糖铁琼脂（TSI）；

（4）营养琼脂；

（5）半固体琼脂；

（6）月桂基硫酸盐胰蛋白胨肉汤-MUG（MUG- LST）；

（7）氧化酶试剂；

（8）革兰染色液；

（9）PBS-Tween 20 洗液；

（10）亚碲酸钾（AR 级）；

（11）头孢克肟（Cefixime）；

（12）大肠埃希菌 O157 显色培养基；

（13）大肠埃希菌 O157 和 H7 诊断血清或 O157 乳胶凝集试剂；

（14）鉴定试剂盒；

（15）抗-*E. coli* O157 免疫磁珠。

（三）大肠埃希菌 O157：H7/NM 的常规检验方法

1. 大肠埃希菌 O157：H7/NM 的常规检验流程

E. coli O157：H7/NM 的检验流程见图 5-12。

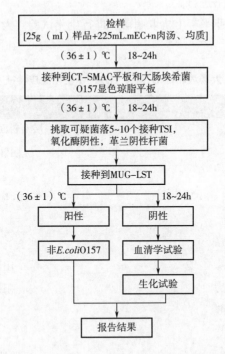

图 5-12　大肠埃希菌 O157：H7/NM 常规培养法检验程序

2. 检测步骤

（1）增菌　以无菌操作称取试样 25g（mL）放入含 225mL mEC+n 肉汤的均质袋中，在拍击式均质器上连续均质 1~2min；或放入盛有 225mL mEC+n 肉汤的均质杯中，8000~10000r/min 均质 1~2min，于（36±1）℃培养 18~24h。

（2）分离　取增菌后的 mEC+n 肉汤，划线接种于 CT-SMAC 平板和大肠埃希菌 O157 显色琼脂平板上，（36±1）℃培养 18~24h，观察菌落形态。在 CT-SMAC 平板上，典型菌落为圆形、光滑、较小的无色菌落，中心呈较暗的灰褐色；在大肠埃希菌 O157 显色琼脂平板上的菌落特征按产品说明书进行判定。

（3）初步生化试验　在 CT-SMAC 平板和大肠埃希菌 O157 显色琼脂平板上分别挑取 5~10 个可疑菌落，分别接种 TSI 琼脂，同时接种到 MUG-LST 肉汤，并用大肠埃希菌株（ATCC25922 或等效标准菌株）做阳性对照和大肠埃希菌 O157：H7（NCTC12900 或等效标准菌株）做阴性对照，于（36±1）℃培养 18~24h。必要时进行氧化酶试验和革兰染色。在 TSI 琼脂中，典型菌株为斜面与底层均呈黄色，产气或不产气，不产生硫化氢（H_2S）。置 MUG-LST 肉汤管于长波紫外灯下观察，MUG 阳性的大肠埃希菌株应有荧光产生，MUG 阴性的应无荧光产生，大肠埃希菌 O157：H7/NM 为 MUG 试验阴性，无荧光。挑取可疑菌落，在营养琼脂平板上分纯，于（36±1）℃培养 18~24h，并进行下列鉴定。

（4）鉴定

①血清学试验：在营养琼脂平板上挑取分纯的菌落，用 O157 和 H7 诊断血清或 O157 乳胶凝集试剂做玻片凝集试验。对于 H7 因子血清不凝集者，应穿刺接种半固体琼脂，检查动力，

经连续传代 3 次，动力试验均阴性，确定为无动力株。如使用不同公司生产的诊断血清或乳胶凝集试剂，应按照产品说明书进行。

②生化试验：自营养琼脂平板上挑取菌落，进行生化试验。大肠埃希菌 O157：H7/NM 生化反应特征见表 5-19。

表 5-19　　　　　　　　　　大肠埃希菌 O157：H7/NM 生化反应特征

生化试验	特征反应
三糖铁琼脂	底层及斜面呈黄色，H_2S 阴性
山梨醇	阴性或迟缓发酵
靛基质	阳性
甲基红—伏普试验（MR-VP）	MR 阳性，VP 阴性
氧化酶	阴性
西蒙氏柠檬酸盐	阴性
赖氨酸脱羧酶	阳性（紫色）
鸟氨酸脱羧酶	阳性（紫色）
纤维二糖发酵	阴性
棉籽糖发酵	阳性
MUG 试验	阴性（无荧光）
动力试验	有动力或无动力

如选择生化鉴定试剂盒或微生物鉴定系统，应从营养琼脂平板上挑取菌落，用稀释液制备成浊度适当的菌悬液，使用生化鉴定试剂盒或微生物鉴定系统进行鉴定。

③毒力基因测定（可选项目）：样品中检出大肠埃希菌 O157：H7 或 O157：NM 时，如需要进一步检测 Vero 细胞毒素基因的存在，可通过接种 Vero 细胞或 HeLa 细胞，观察细胞病变进行判定；也可使用基因探针检测或聚合酶链反应（PCR）方法进行志贺毒素基因（*stx*1、*stx*2）、*eae*、*hly* 等基因的检测。如使用试剂盒检测上述基因，应按照产品的说明书进行。

3. 结果报告

综合生化和血清学的试验结果，报告 25g（mL）样品中检出或未检出大肠埃希菌 O157：H7 或大肠埃希菌 O157：NM。

（四）大肠埃希菌 O157：H7/NM 的免疫磁珠捕获法检验

1. 检验程序

大肠埃希菌 O157：H7/NM 免疫磁珠捕获法检验程序见图 5-13。

2. 操作步骤

（1）增菌　以无菌操作称取试样 25g（mL）放入含 225mL mEC+n 肉汤的均质袋中，在拍击式均质器上连续均质 1~2min；或放入盛有 225mL mEC+n 肉汤的均质杯中，8000~10000r/min 均质 1~2min，于（36±1）℃培养 18~24h。

（2）免疫磁珠捕获与分离

①应按照生产商提供的使用说明进行免疫磁珠捕获与分离。当生产商的使用说明与下面的

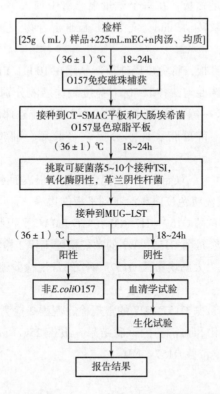

图 5-13　大肠埃希菌 O157：H7/NM 免疫磁珠捕获法检验程序

描述可能有偏差时，按生产商提供的使用说明进行。

②将微量离心管按样品和质控菌株进行编号，每个样品使用 1 支微量离心管，然后插入到磁板架上。在漩涡混合器上轻轻振荡 *E. coli* O157 免疫磁珠混悬液后，用开盖器打开每个微量离心管的盖子，每管加入 20μL *E. coli* O157 免疫磁珠悬液。

③取 mEC+n 肉汤增菌培养物 1mL，加入到微量离心管中，盖上盖子，然后轻微振荡 10s。每个样品更换 1 支加样吸头，质控菌株必须与样品分开进行，避免交叉污染。

④结合：在 18~30℃环境中，将上述微量离心管连同磁板架放在样品混合器上转动或用手轻微转动 10min，使 *E. coli* O157 与免疫磁珠充分接触。

⑤捕获：将磁板插入磁板架中浓缩磁珠。在 3min 内不断地倾斜磁板架，确保悬液中与盖子上的免疫磁珠全部被收集起来。此时，在微量离心管壁中间明显可见圆形或椭圆形棕色聚集物。

⑥吸取上清液：取 1 支无菌加长吸管，从免疫磁珠聚集物对侧深入液面，轻轻吸走上清液。当吸到液面通过免疫磁珠聚集物时，应放慢速度，以确保免疫磁珠不被吸走。如吸取的上清液内含有磁珠，则应将其放回到微量离心管中，并重复步骤⑤。每个样品换用 1 支无菌加长吸管。

免疫磁珠的滑落：某些样品特别是那些富含脂肪的样品，其磁珠聚集物易于滑落到管底。在吸取上清液时，很难做到不丢失磁珠，在这种情况下，可保留 50~100μL 上清液于微量离心管中。如果在后续的洗涤过程中也这样做的话，脂肪的影响将减小，也可达到充分捕获的目的。

⑦洗涤：从磁板架上移走磁板，在每个微量离心管中加入 1mL PBS-Tween20 洗液，放在样品混合器上转动或用手轻微转动 3min，洗涤免疫磁珠混合物。重复上述步骤⑤～⑦。

⑧重复上述步骤⑤～⑥。

⑨免疫磁珠悬浮：移走磁板，将免疫磁珠重新悬浮在 100μL PBS-Tween20 洗液中。

⑩涂布平板：将免疫磁珠混匀，各取 50μL 免疫磁珠悬液分别转移至 CT-SMAC 平板和大肠埃希菌 O157 显色琼脂平板一侧，然后用无菌涂布棒将免疫磁珠涂布平板的一半，再用接种环划线接种平板的另一半。待琼脂表面水分完全吸收后，翻转平板，于（36±1）℃培养 18～24h。

注：若 CT-SMAC 平板和大肠埃希菌 O157 显色琼脂平板表面水分过多时，应在（36±1）℃下干燥 10～20min，涂布时避免将免疫磁珠涂布到平板的边缘。

（3）菌落识别　大肠埃希菌 O157：H7/NM 在 CT-SMAC 平板和大肠埃希菌 O157 显色琼脂平板上的菌落特征同"大肠埃希菌 O157：H7 的常规检验流程 2 检测步骤（2）分离"。

（4）初步生化试验　同"大肠埃希菌 O157：H7 的常规检验流程 2 检测步骤（3）初步生化试验"。

（5）鉴定　同"大肠埃希菌 O157：H7 的常规检验流程 2 检测步骤（4）鉴定"。

（6）结果报告　综合生化和血清学的试验结果，报告 25g（mL）样品中检出或未检出大肠埃希菌 O157：H7 或大肠埃希菌 O157：NM。

第四节　霉菌及酵母菌的测定

一、霉菌和酵母菌概述

酵母菌是真菌中的一大类，通常是单细胞，呈圆形，卵圆形、腊肠形或杆状。霉菌也是真菌，能够形成疏松的、绒毛状的、菌丝体的真菌称为霉菌。霉菌和酵母菌是评价食品卫生质量的指示菌，它们广泛分布于自然界的每个角落。长期以来，人们利用某些霉菌和酵母菌加工一些食品。如用霉菌或酵母菌加工干酪、面包和肉，使其味道鲜美。还可利用霉菌和酵母酿酒、制酱。食品、化学、医药等工业都少不了霉菌和酵母菌。但有些霉菌在其生长过程中，能合成一种含毒的代谢产物——霉菌毒素。

在某种情况下，霉菌和酵母菌也可造成食品腐败变质。由于它们生长缓慢和竞争能力不强，故常常在不适于细菌生长的食品中出现。通常是一些 pH 低、温度低、含盐和含糖高的食品，低温储藏的食品、含有抗生素的食品等。由于霉菌和酵母菌能抵抗热、冷冻，以及抗生素和辐照等储藏及保藏技术，它们能转换某些不利于细菌的物质。霉菌毒素、霉菌和酵母往往使食品失去色、香、味。酵母菌在新鲜的和加工的食品中繁殖，可使食品产生难闻的异味，它还可以使液体发生浑浊、产生气泡、形成薄膜、改变颜色及散发不正常的气味，因此霉菌和酵母菌被作为评价食品卫生质量的指示菌，并以霉菌和酵母菌计数来测定食品被污染的程度。

二、检验前准备

（一）设备和材料

除微生物实验室常规灭菌及培养设备外，其他设备和材料如下：

（1）培养箱　（28±1）℃；

（2）拍击式均质器及均质袋；

（3）电子天平　感量0.1g；

（4）无菌锥形瓶　容量500mL；

（5）无菌吸管　1mL（具0.01mL刻度）、10mL（具0.1mL刻度）；

（6）无菌试管　18mm×180mm；

（7）旋涡混合器；

（8）无菌平皿　直径90mm；

（9）恒温水浴箱　（46±1）℃；

（10）显微镜　10~100倍；

（11）微量移液器及枪头　1.0mL；

（12）折光仪；

（13）郝氏计测玻片　具有标准计测室的特制载玻片；

（14）盖玻片；

（15）测微器　具标准刻度的载玻片。

（二）培养基和试剂

（1）生理盐水；

（2）马铃薯葡萄糖琼脂；

（3）孟加拉红琼脂；

（4）磷酸盐缓冲液。

三、检验方法

（一）检验程序

霉菌和酵母菌平板计数法的检验程序见图5-14。

（二）操作步骤

1. 样品的稀释

（1）固体和半固体样品　称取25g样品，加入225mL无菌稀释液（蒸馏水或生理盐水或磷酸盐缓冲液），充分振摇，或用拍击式均质器拍打1~2min，制成1∶10的样品匀液。

（2）液体样品　以无菌吸管吸取25mL样品至盛有225mL无菌稀释液（蒸馏水或生理盐水或磷酸盐缓冲液）的适宜容器内（可在瓶内预置适当数量的无菌玻璃珠）或无菌均质袋中，充分振摇或用拍击式均质器拍打1~2min，制成1∶10的样品匀液。

（3）取1mL 1∶10样品匀液注入含有9mL无菌稀释液的试管中，另换一支1mL无菌吸管反复吹吸或在旋涡混合器上混匀，此液为1∶100的样品匀液。

（4）按（3）操作程序，制备10倍递增系列稀释样品匀液。每递增稀释一次，换用1次1mL无菌吸管。

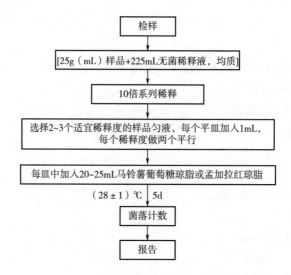

图5-14 霉菌和酵母菌计数法的检验程序

（5）根据对样品污染状况的估计，选择2~3个适宜稀释度的样品匀液（液体样品可包括原液），在进行10倍递增稀释的同时，每个稀释度分别吸取1mL样品匀液于2个无菌平皿内。同时分别取1mL无菌稀释液加入2个无菌平皿作空白对照。

（6）及时将20~25mL冷却至46℃的马铃薯葡萄糖琼脂或孟加拉红琼脂 ［可放置于（46±1）℃恒温水浴箱中保温］倾注平皿，并转动平皿使其混合均匀。置水平台面待培养基完全凝固。

2. 培养

琼脂凝固后，平板倒置，置（28±1）℃培养箱中培养，观察并记录培养至第5天的结果。

3. 菌落计数

用肉眼观察，必要时可用放大镜或低倍镜，记录各稀释倍数和相应的霉菌和酵母菌落数。以菌落形成单位（CFU）表示。

选取菌落数在10~150CFU的平板，根据菌落形态分别计数霉菌和酵母数。霉菌蔓延生长覆盖整个平板的可记录为菌落蔓延。

（三）结果与报告

1. 结果

（1）计算同一稀释度的两个平板菌落数的平均值，再将平均值乘相应稀释倍数。

（2）若有两个稀释度平板上菌落数均在10~150CFU，则按照 GB 4789.2—2016《食品安全国家标准 食品微生物学检验 菌落总数测定》的相应规定进行计算。

（3）若所有平板上菌落数均大于150CFU，则对稀释度最高的平板进行计数，其他平板可记录为多不可计，结果按平均菌落数乘最高稀释倍数计算。

（4）若所有平板上菌落数均小于10CFU，则应按稀释度最低的平均菌落数乘稀释倍数计算。

（5）若所有稀释度（包括液体样品原液）平板均无菌落生长，则以小于1乘最低稀释倍数计算。

（6）若所有稀释度的平板菌落数均不在 10～150CFU，其中一部分小于 10CFU 或大于 150CFU 时，则以最接近 10CFU 或 150CFU 的平均菌落数乘稀释倍数计算。

2. 报告

（1）菌落数按"四舍五入"原则修约，菌落数在 10 以内时，采用一位有效数字报告；菌落数在 10～100 时，采用两位有效数字报告。

（2）菌落数大于或等于 100 时，前 3 位数字采用"四舍五入"原则修约后，取前 2 位数字，后面用 0 代替位数来表示结果；也可用 10 的指数形式来表示，此时也按"四舍五入"原则修约，采用两位有效数字。

（3）若空白对照平板上有菌落出现，则此次检测结果无效。

（4）称重取样以 CFU/g 为单位报告，体积取样以 CFU/mL 为单位报告，报告或分别报告霉菌和/或酵母数。

（四）霉菌直接镜检计数法（第二法）

霉菌直接镜检计数法的操作步骤如下所示。

（1）检样的制备　取适量检样，加蒸馏水稀释至折光指数为 1.3447～1.3460（即浓度为 7.9%～8.8%）备用。

（2）显微镜标准视野的校正　将显微镜按放大率 90～125 倍调节标准视野，使其直径为 1.382mm。

（3）涂片　洗净郝氏计测玻片，将制好的标准液，用玻璃棒均匀地摊布于计测室，加盖玻片，以备观察。

（4）观测　将制好的载玻片置于显微镜标准视野下进行观测。一般每个检样每人观察 50 个视野。同一检样应由两人进行观察。

（5）结果与计算　在标准视野下，发现有霉菌菌丝其长度超过标准视野（1.382mm）的 1/6 或三根菌丝总长度超过标准视野的 1/6（即测微器的一格）时即记录为阳性（+），否则记录为阴性（-）。

（6）报告　报告每 100 个视野中全部阳性视野数为霉菌的视野百分数（视野%）。

第五节　罐头食品商业无菌的检验

一、罐头食品商业无菌检验中的概念与定义

（一）罐头食品的商业无菌

罐头食品经过适度的热杀菌以后，不含有致病的微生物，也不含有在通常温度下能在其中繁殖的非致病性微生物，这种状态称作商业无菌。

（二）密封

密封指食品容器经密闭后能阻止微生物进入的状态。

（三）胖听

胖听指由于罐头内微生物活动或化学作用产生气体，形成正压，使一端或两端外凸的现象。

（四）泄漏

泄漏指罐头密封结构有缺陷，或由于撞击而破坏密封，或罐壁腐蚀而穿孔致使微生物侵入的现象。

（五）低酸性罐藏食品

低酸性罐藏食品指除酒精饮料以外，凡杀菌后平衡 pH 大于 4.6、水活性值大于 0.85 的罐头食品，原来是低酸性的水果、蔬菜或果蔬制品，为加热杀菌的需要而加酸降低 pH 的，属于酸化的低酸性罐藏食品。

（六）酸性罐藏食品

酸性罐藏食品指杀菌后平衡 pH 小于或等于 4.6 的罐藏食品。pH 小于 4.7 的番茄、梨和菠萝以及由其制成的汁，以及 pH 小于 4.9 的无花果都属于酸性罐藏食品。

二、检验前准备

（一）设备和材料

除微生物实验室常规灭菌及培养设备外，其他设备和材料如下：

(1) 冰箱 2~5℃；

(2) 恒温培养箱 (30±1)℃、(36±1)℃、(55±1)℃；

(3) 恒温水浴箱 (55±1)℃；

(4) 均质器及无菌均质袋、均质杯或乳钵；

(5) 电位 pH 计（精确度 pH 0.05 单位）；

(6) 显微镜 10~100 倍；

(7) 开罐器和罐头打孔器；

(8) 超净工作台或百级洁净实验室；

(9) 电子秤或台式天平；

(10) 灭菌吸管 1mL（具 0.01mL 刻度）、10mL（具 0.1mL 刻度）；

(11) 灭菌平皿 直径 90mm；

(12) 灭菌试管 16mm×160mm。

（二）培养基和试剂

培养基和试剂如下：

(1) 无菌生理盐水；

(2) 结晶紫染色液；

(3) 二甲苯；

(4) 含 4% 碘的乙醇溶液 4g 碘溶于 100mL 的 70% 乙醇溶液。

三、检验方法

（一）检验程序

商业无菌检验程序见图 5-15。

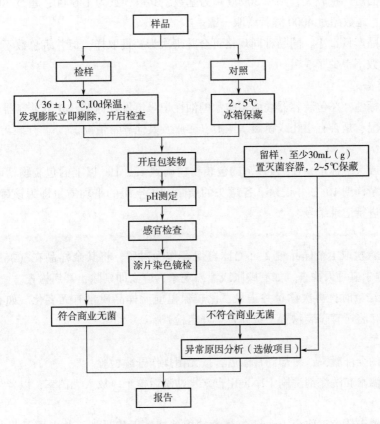

图 5-15 商业无菌检验程序

（二）操作步骤

1. 审查生产操作记录

工厂检验部门对送检产品的下属操作记录应认真进行审阅。妥善保存至少 3 年备查。

（1）杀菌记录 杀菌记录包括自动记录仪的记录纸和相应的手记记录。记录纸上要标明产品品名、规格、生产日期和杀菌锅号。每一项图表记录都应由杀菌锅操作者亲自记录和签字，由车间专人审核签字，最后由工厂检验部门审定后签字。

（2）杀菌后的冷却水有效氯含量测定的记录。

（3）罐头密封性检查记录 罐头密封性检验的全部记录应包括空罐和实罐卷边封口质量和焊缝质量的常规检查记录，记录上应明确标记批号和罐数等，并由检验人员和主管人员签字。

2. 抽样方法

抽样可采用下述方法之一。

（1）按杀菌锅抽样 低酸性食品罐头在杀菌冷却完毕后，每个杀菌锅抽样两罐，3kg 以上的大罐每锅抽一罐，酸性食品罐头每锅抽一罐，一般一个班的产品组成一个检验批次，将各锅的样罐组成一个样批送检，每批每个品种取样基数不得少于 3 罐。产品如按锅划分堆放，在遇到由于杀菌操作不当引起问题时，也可以按锅处理。

（2）按生产班（批）次抽样

①取样数为 1/6000，尾数超过 2000 者增取一罐，每班（批）每个品种不少于 3 罐。

②某些产品班产量较大，则以 30000 罐为基数，其取样数为 1/6000；超过 30000 罐以上的按 1/20000 计，尾数超过 4000 罐者增取一罐。

③个别产品产量过小，同品种同规格可合并班次为一批取样，但并班总数不超过 5000 罐，每个批次取样数不得少于 3 罐。

3. 样品准备

去除表面标签，在包装容器表面用防水的油性记号笔做好标记，并记录容器、编号、产品性状、泄漏情况、是否有小孔或锈蚀、压痕、膨胀及其他异常情况。

4. 称量

用电子秤或天平称量，1kg 及以下的包装物精确到 1g，1kg 以上的包装物精确到 2g，10kg 以上的包装物精确到 10g，并记录。各罐头的质量减去空罐的平均质量即为该罐头的净质量。称量前对样品进行记录编号。

5. 保温

（1）每个批次取 1 个样品置 2~5℃冰箱保存作为对照，将其余样品在（36±1）℃下保温10d。保温过程中应每天检查，如有膨胀或泄漏现象，应立即剔除，开启检查。

（2）保温结束时，再次称量并记录，比较保温前后样品质量有无变化。如有变轻，表明样品发生泄漏。将所有包装物置于室温直至开启检查。

6. 开启

取保温过的全部罐头，冷却到常温后，按无菌操作开罐检验。

将样罐用温水和洗涤剂洗刷干净，用自来水冲洗后擦干。放入无菌室，以紫外线杀菌灯照射 30min。

将样罐移置于超净工作台上，用 75%酒精棉球擦拭无代号端，并点燃灭菌（胖听罐不能烧）。用灭菌的卫生开罐刀或罐头打孔器开启（带汤汁的罐头开罐前适当振摇），开罐时不能伤及卷边结构。

7. 留样

开罐后，用灭菌吸管或其他适当工具以无菌操作取出内容物 10~20mL（g），移入灭菌容器内，保存于冰箱中。待该批罐头检验得出结论后可随之弃去。

8. pH 测定

取样测定 pH，与同批中正常罐相比，看是否有显著的差异。

9. 感官检查

在光线充足、空气清洁无异味的检验室中将罐头内容物倾入白色搪瓷盘内，由有经验的检验人员对产品的外观、色泽、状态和气味等进行观察和嗅闻，用餐具按压食品或戴薄指套以手指进行触感检验，鉴别食品有无腐败变质的迹象。

10. 涂片染色镜检

（1）涂片　对感官或 pH 检查结果认为可疑的，以及腐败时 pH 反应不灵敏的（如肉、禽、鱼类等）罐头样品，均应进行涂片染色镜检。带汤汁的罐头样品可用接种环挑取汤汁涂于载玻片上，固态食品可以直接涂片或用少量灭菌生理盐水稀释后涂片。待干后用火焰固定。油脂性食品涂片自然干燥并火焰固定后，用二甲苯流洗，自然干燥。

（2）镜检　用革兰染色法染色，镜检，至少观察 5 个视野，记录细菌的染色反应、形态特征以及每个视野的菌数。与同批的正常样品进行对比，判断是否有明显的微生物增殖现象。

11. 接种培养

保温期间出现的胖听、泄漏，或开罐检查发现 pH、感官质量异常、腐败变质，进一步镜检发现有异常数量细菌的样罐，均应及时进行微生物接种培养。

对需要接种培养的样罐（或留样）用灭菌的适当工具移出约 1mL（g）内容物，分别接种培养。接种量约为培养基的 1/10。要求在 55℃ 培养基管，在接种前应在 55℃ 水浴中预热至该温度，接种后立即放入 55℃ 温箱培养。

（1）低酸性罐头食品（每罐）接种培养基、管数及培养条件见表 5-20。

表 5-20   低酸性罐头食品的检验

培养基	管数	培养条件/℃	时间/h
庖肉培养	2	36±1（厌氧）	96~120
庖肉培养	2	55±1（厌氧）	24~72
溴甲酚紫葡萄糖肉汤（带倒管）	2	36±1（需氧）	96~120
溴甲酚紫葡萄糖肉汤（带倒管）	2	55±1（需氧）	24~72

（2）酸性罐头食品（每罐）接种培养基、管数及培养条件见表 5-21。

表 5-21   酸性罐头食品的检验

培养基	管数	培养条件/℃	时间/h
酸性肉汤	2	55±1（需氧）	48
酸性肉汤	2	30±1（需氧）	96
麦芽浸膏汤	2	30±1（需氧）	96

12. 微生物培养检验程序及判定

（1）将按表 5-20 或表 5-21 接种的培养基管分别放入规定温度的恒温箱进行培养，每天观察培养生长情况（图 5-16）。

对在 36℃ 培养有菌生长的溴甲酚紫葡萄糖肉汤管，观察产酸产气情况，并涂片染色镜检。如果是含杆菌的混合培养物或球菌、酵母菌或霉菌的纯培养物，不再往下检验；如仅有芽孢杆菌则判为嗜温性需氧芽孢杆菌；如仅有杆菌无芽孢则为嗜温性需氧杆菌。如需进一步证实是否为芽孢杆菌，可转接于锰盐营养琼脂平板在 36℃ 培养后再作判定。

对在 55℃ 培养有菌生长的溴甲酚紫葡萄糖肉汤管，观察产酸产气情况，并涂片染色镜检。如有芽孢杆菌，则判为嗜热性需氧芽孢杆菌；如仅有杆菌而无芽孢则判为嗜热性需氧杆菌。如需要进一步证实是否为芽孢杆菌，可转接于锰盐营养琼脂平板，在 55℃ 培养后再作判定。

对在 36℃ 培养有菌生长的庖肉培养基管，涂片染色镜检，如为不含杆菌的混合菌相，不再往下进行；如有杆菌，带或不带芽孢，都要转接于两个血琼脂平板（或卵黄琼脂平板），在 36℃ 分别进行需氧和厌氧培养。在需氧平板上有芽孢生长，则为嗜温性兼性厌氧芽孢杆菌；在厌氧平板上生长为一般芽孢则为嗜温性厌氧芽孢杆菌，如为梭状芽孢杆菌，应用庖肉培养基原培养液进行肉毒梭菌及肉毒毒素检验（按 GB 4789.12—2016《食品安全　国家标准　食品卫生微生物学检验　肉毒梭菌及肉毒毒素检验》）。

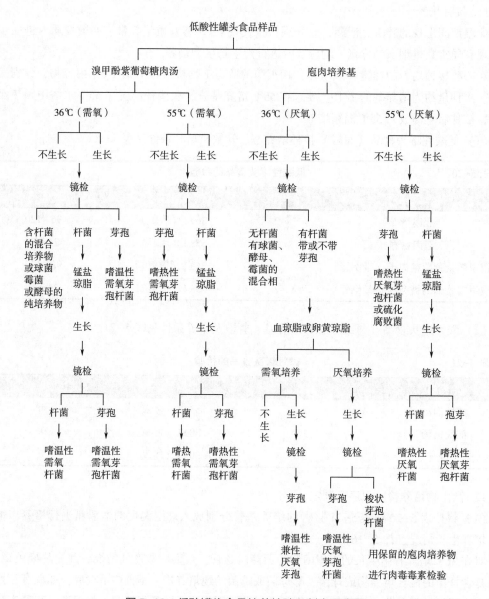

图 5-16　低酸罐头食品培养检验及判定程序图

对在 55℃ 培养有菌生长的庖肉培养基管，涂片染色镜检。如有芽孢，则为嗜热性厌氧芽孢杆菌或硫化腐败性芽孢杆菌；如无芽孢仅有杆菌，转接于锰盐营养琼脂平板，在 55℃ 厌氧培养，如有芽孢则为嗜热性厌氧芽孢杆菌，如无芽孢则为嗜热性厌氧杆菌。

（2）对有微生物生长的酸性肉汤和麦芽浸膏汤管进行观察，并涂片染色镜检。按所发现的微生物类型判定。

13. 罐头密封性检验

对确定有微生物繁殖的样罐均应进行密封性检验以判定该罐是否泄漏，将已洗净的空罐，经 35℃ 烘干，根据以下两种测试进行减压或加压试漏。

（1）减压试漏　将烘干的空罐内小心注入清水至八、九成满，将一带橡胶圈的有机玻璃板妥当安放罐头开启端的卷边上，使能保持密封。启动真空泵，关闭放气阀，用手按住盖板，控制抽气，使真空表从 0 升到 $6.8×10^4$Pa（510mmHg）的时间在 1min 以上。并保持此真空度 1min 以上。仔细观察空罐内底盖卷边及焊缝处有无气泡产生，凡同一部位连续产生气泡，应判断为泄漏，记录漏气的时间和真空度，并在漏气部位做上记号。

（2）加压试漏　用橡皮塞将空罐的开孔塞紧，开动空气压缩机，慢慢开启阀门，使罐内压力逐渐加大，同时将空罐浸没在盛水玻璃缸中，仔细观察罐外底盖卷边及焊缝处有无气泡产生，直至压力升至 68.6Pa 并保持 2min，凡同一部位连续产生气泡，应判断为泄漏，记录漏气的时间和压力，并在漏气部位做上记号。

（三）结果判定

（1）该批（锅）罐头食品经审查生产操作记录，属于正常；抽取样品经保温试验未胖听或泄漏；保温后开罐，经感官检验、pH 测定或涂片镜检，或接种培养，确证无微生物增殖现象，则为商业无菌。

（2）该批（锅）罐头食品经审查生产操作记录，未发现问题；抽取样品经保温试验有一罐及一罐以上发生胖听或泄漏；或保温后开罐，经感官检验、pH 测定或涂片镜检，或接种培养，确证有微生物增殖现象，则为非商业无菌。

思考题

1. 何为菌落总数？它与细菌总数的区别是什么？

2. 画出平板倾注法测定菌落总数的示意图。

3. 菌落总数的计数方法是什么？在计数时，需要注意什么？

4. 什么是大肠菌群？大肠菌群由哪些微生物组成？

5. 测定食品、饮料等产品的大肠菌群数有什么意义？

6. 大肠菌群 MPN 计数法检验方法的内容是什么？

7. 典型沙门菌的五项生化试验结果如何？

8. 沙门菌检验时为什么要进行前增菌和增菌？

9. 沙门菌有哪些抗原？各有何特点？

10. 沙门菌哪几个菌型具有 Vi 抗原？Vi 抗原对 O 抗原血清链试验有何影响？对含 Vi 抗原菌，如何做 O 抗原血清学试验？

11. 如何进行沙门菌的血清学试验？

12. 写出沙门菌的检验程序及所用培养基。

13. 志贺菌分几个群？各称为什么？抗原结构如何？

14. 志贺菌在三糖铁培养基上生长的结果如何？

15. 何为内毒素？何为外毒素？它们各自有什么特点？

16. 如何用生化反应来区分志贺菌各群？

17. 金黄色葡萄球菌可产生哪些毒素和酶？

18. 金黄色葡萄球菌在 BP 平板上的菌落特征如何？说明其原理。

19. 金黄色葡萄球菌在血平板上的菌落特征如何？说明其原理。

20. 确认葡萄球菌为金黄色葡萄球菌的依据至少应包括哪几个试验？

21. 副溶血性弧菌的生化特性中最有特点的是哪个项目？如何利用这个项目，诊断某细菌是否是副溶血性弧菌？

22. 副溶血性弧菌在 TSI、NaCl 蔗糖、嗜盐选择性平板上培养特征如何？

23. 引起蜡样芽孢杆菌食物中毒的常见食物有哪些？什么条件下可引起蜡样芽孢杆菌食物中毒？

24. 蜡样芽孢杆菌在普通营养琼脂和甘露醇卵黄多黏菌琼脂平板上生长的菌落特征如何？

25. 怎样对米饭中的蜡样芽孢杆菌进行检验和计数？

26. 大肠埃希菌 O157：H7 在 CT-SMAC 平板和改良 CHROMagar O157 弧菌显色琼脂平板上的菌落特征如何？

27. 在罐头食品的商业无菌检验中，保温的目的是什么？

28. 在罐头食品的商业无菌检验中，开罐前要做好哪些准备工作？

29. 如何判断罐头为商业无菌？

30. 如何在菌落形态上鉴定霉菌、细菌、酵母菌？

31. 列表说明霉菌、酵母菌数测定与菌落总数测定的异同点。

32. 检验食品中的霉菌有何意义？怎样鉴定食品中霉菌总数？

参 考 文 献

［1］苏世彦，庄平，陈忘名．食品微生物检验手册［M］．北京：中国轻工业出版社，1998.

［2］陈广全，张惠媛，曾静．食品安全监测培训教材：微生物检测［M］．北京：中国标准出版社，2010.

［3］周建新，焦凌霞．食品微生物学检验［M］．北京：化学工业出版社，2011.

第六章

食品微生物快速检验方法

食品中的生物性污染无论是在发达国家还是发展中国家都是影响食品安全的最主要原因，致病性微生物是对消费者健康危害最大的食品安全问题之一。因此确定食源性致病菌在食物链中相关的食品，寻找预防食品污染的关键环节，不断提高对致病菌的监测能力和水平，有利于减少食物中毒的发生。

传统的检测方法不但耗时费力，而且无法对活着且难培养的致病菌进行检测。菌落总数测定所采用的平板计数法至少需要 24h 才能出结果，而致病菌的检测耗时则更长，包括前增菌、选择性增菌、生化鉴定、镜检及血清学验证等一系列检测程序，需要 4~6d，不能实现理想的监测、预防作用。因此，加强对食源性致病菌的监测，发展快速灵敏的检验检测技术，对预防和控制致病菌的传播有重大意义。本章将从食源性致病菌的原理、特点及应用等方面对其相关免疫学及聚合酶链反应、基因芯片等快速检测技术研究进展进行介绍。

第一节 免疫学检测技术

免疫学检测技术的基础是抗原抗体反应。早期建立的免疫学检测技术通常直接用抗原抗体反应产生的现象判断实验结果，这些现象包括颗粒性抗原所形成的凝集现象、可溶性抗原所形成的沉淀现象、补体系统参与的溶血现象等。以后发展起来的标记免疫技术（Immunolabelling Technique）则是用高度敏感的示踪物质（如荧光物质、放射性核素、酶或化学发光物质等）标记抗原或抗体，进行抗原抗体反应后，通过检测标记物对抗原或抗体进行定性、定位或定量分析。标记免疫技术具有灵敏度高、快速、可定性、定量、定位等优点，拓宽了免疫学检测技术的应用范围，是目前应用最广泛的免疫学检测技术。标记免疫技术按检测现象不同可分为放射免疫技术、荧光免疫技术、酶免疫技术、化学发光免疫技术和胶体金免疫技术等。

一、酶联免疫吸附检测

酶联免疫吸附检测（Enzyme-Linked Immunosorbent Assay，ELISA）是将抗原抗体反应的高度特异性和酶的高效催化作用相结合建立的一种免疫分析方法。1971 年 Engvall 建立了 ELISA

方法，它以酶或者辅酶作为标记物，标记抗原或者抗体，用酶促反应的放大作用来显示初级免疫学反应，并且利用聚苯乙烯微量反应板（或球）吸附抗原或者抗体，使其固相化，在其中进行免疫反应和酶促反应。在测定时，受检标本（测定其中的抗体或抗原）与固相载体表面的抗原或抗体起反应。用洗涤的方法使固相载体上形成的抗原抗体复合物与液体中的其他物质分开。再加入酶标记的抗原或抗体，也通过反应而结合在固相载体上。此时固相上的酶量与标本中受检物质的量呈一定的比例。加入酶反应的底物后，底物被酶催化成为有色产物，产物的量与标本中受检物质的量直接相关，故可根据呈色的深浅进行定性或定量分析。由于酶的催化效率很高，间接地放大了免疫反应的结果，使测定方法达到很高的敏感度。

　　ELISA 具有选择性好、结果判断客观准确、实用性强、样品处理量大等优点，弥补了经典化学分析方法和其他仪器测试手段的不足。因此在医学以及食品领域中备受重视，成为应用最为广泛和发展最为成熟的生物检测技术之一。特别是随着蛋白质分离纯化技术和基因工程技术的不断发展，各种高纯度抗体、抗原和抗体复合物得以制备，单克隆抗体技术的应用，使得该诊断检测技术在特异性、灵敏度和客观性方面都有了大幅度的提高，并且在自动化免疫技术的推进下进一步具有了精确的定量分析能力。但 ELISA 对试剂的选择性高，很难同时分析多种成分；对结构类似的化合物有一定程度的交叉反应；对分析分子质量很小的化合物或很不稳定的化合物有一定的困难。目前 ELISA 的分类方法众多，主要技术类型有直接法、间接法、双抗体夹心法、捕获法、竞争法（图 6-1）。

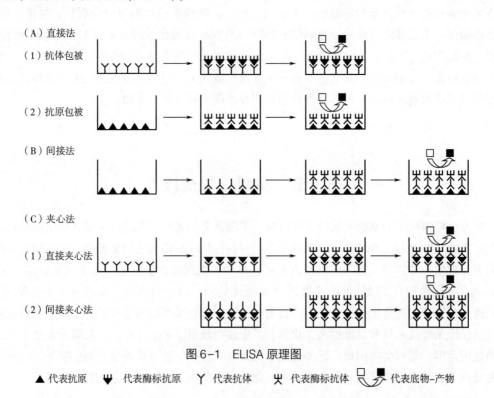

图 6-1　ELISA 原理图

▲ 代表抗原　　￥ 代表酶标抗原　　Y 代表抗体　　￥ 代表酶标抗体　　□■ 代表底物-产物

　　在应用中 ELISA 一般采用商品化的试剂盒形式出现，完整的 ELISA 试剂盒包含以下各组分：

　　（1）包被抗原或抗体的固相载体（免疫吸附剂）；

（2）酶标记的抗原或抗体；

（3）酶的底物；

（4）阴性和阳性对照品（定性测定），参考标准品和控制血清（定量测定）；

（5）结合物及标本的稀释液；

（6）洗涤液；

（7）酶反应终止液。

结合物为酶标记的抗体（或抗原），是 ELISA 中最关键的试剂。良好的结合物既保持了酶的催化活性，也保持了抗体（或抗原）的免疫活性。在 ELISA 中，常用的酶为辣根过氧化物酶（Horseradish Peroxidase，HRP）和碱性磷酸酶（Alkalinephosphatase，AKP）。国产 ELISA 试剂一般都用 HRP 制备结合物。国外很多 ELISA 试剂采用 AKP 作为标记酶。通过试剂盒，样品在与标本中抗体或抗原反应后，只需经过固相的洗涤，就可以达到抗原抗体复合物与其他物质分离的目的，简化了操作步骤。

双抗体夹心法是检测抗原最常用的方法，操作步骤如下：

（1）将特异性抗体与固相载体连接，形成固相抗体。洗涤除去未结合的抗体及杂质。

（2）加受检标本，保温反应。标本中的抗原与固相抗体结合，形成固相抗原抗体复合物。洗涤除去其他未结合物质。

（3）加酶标抗体，保温反应。固相免疫复合物上的抗原与酶标抗体结合。彻底洗涤未结合的酶标抗体。此时固相载体上带有的酶量与标本中受检抗原的量相关。

（4）加底物显色。固相上的酶催化底物成为有色产物。通过比色，测知标本中抗原的量。

小分子抗原或半抗原因缺乏可作夹心法的两个以上的位点，因此不能用双抗体夹心法进行测定，可以采用竞争法模式。其原理是标本中的抗原和一定量的酶标抗原竞争与固相抗体结合。标本中抗原量含量越多，结合在固相上的酶标抗原越少，最后的显色也越浅。

Kryinski and Heimsch 等（1977）首次将 ELISA 用于食品沙门菌的检测，并在应用中不断得以发展，20 世纪 80 年代 Paadhye 和 Park 分别用单克隆或多克隆抗体的 ELISA 检测 *E.coli* O157：H7，其操作简便、快速、结果准确。Riod EM 建立的抗原捕获 ELISA 法，用特异性的单克隆抗体包被，加入待检样品进行检测，并将其成功应用于鼠伤寒沙门菌的检测，检测灵敏性远远高于直接的 ELISA 检测。此外，英国的 Bio Merienx 公司推出的一种全自动沙门菌 ELISA 检测系统，其原理是将捕捉的抗体包被到凹型金属片的内面，吸附被检样品中的沙门菌。仅需把样品加到测定孔中就行了，其余全部为自动分析，耗时仅 45min，而传统的方法需要 5d。另外用于黄曲霉毒素检测专用的免疫试剂盒，已成为世界各地分析实验室常规使用的方法。

二、免疫磁性分离技术

免疫磁性分离技术（Immunomagnetic Seperation Technology，IMS）是将特异性抗体偶联在磁性颗粒表面，与样品中被检致病菌发生特异性的结合。结合后载有致病菌的磁性颗粒在外加磁场的作用下，向磁极方向聚集，使致病菌不断得到分离、浓缩。弃去检样混合液后，收集磁性颗粒就得到了富集的目的菌。因此通过免疫磁性分离技术可以代替常规的选择性增菌培养过程，特异有效地将目的微生物从样品中快速的分离出来。免疫磁性分离法和其他检验方法联合，如 ELISA，多聚酶链式反应（Polymerase Chain Reation，PCR），荧光免疫分析（Fluorescence Immunoassay，IFA），电子化学发光（Electron Chemiluminescence，ECL）相结合，则可数倍地提高分离效率和检测极限。

　　Skjerve 等报道了采用免疫磁性分离技术，从乳及乳制品、肉类和蔬菜中分离沙门菌，其检测灵敏度为 100CFU/g。在英国，此法主要应用于牛乳中 *E. coli* O157∶H7 的检测和食品中单核细胞增生李斯特菌、副溶血性弧菌、小肠结肠耶尔森菌等的检测。在实际应用中，还可以与直接镜检技术、阳抗技术、酶联免疫试验、PCR 等技术相结合应用。

三、免疫胶体金技术

　　免疫胶体金技术用于免疫学检测研究是 20 世纪 80 年代继三大标记技术（荧光素标记、酶标记和放射性同位素标记）后发展起来的固相标记免疫测定技术。免疫胶体金技术即免疫金标记技术（Immuno Gold Labeling Technique），起源于 1971 年 Faulk 等应用电镜免疫胶体金染色法（Immunocolloidal Gold Staining, IGS）观察沙门菌。

　　将特异性的抗原或抗体以条带状固定在膜上，胶体金标记试剂（抗体或单克隆抗体）吸附在结合垫上，当待检样本加到试纸条一端的样本垫上，通过毛细作用向前移动，溶解结合垫上的胶体金标记试剂后相互反应，再移动至固定的抗原或抗体的区域时，待检物与金标试剂的结合物又与之发生特异性结合而被截留，聚集在检测带上，可通过肉眼观察到显色结果。单克隆抗体包被在检测线处，抗金标抗体包被于对照线处，金标抗体吸附在固相载体无纺纱上。利用抗原抗体特异性结合的免疫反应原理，在检测线处形成抗体-待测抗原-金标抗体复合物，在对照线处形成抗金标抗体-金标抗体复合物。其特点是单份测定、简单快速、特异敏感、不需任何仪器设备和试剂，几分钟就可用肉眼观察到颜色鲜明的试验结果，并可保存试验结果（图 6-2）。

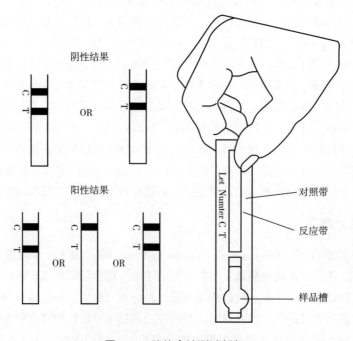

图 6-2　胶体金检测试剂条

　　阳性：测试条上下两端先后出现红色反应线。在吸水材料的牵引下，待测抗原在试条上向上走，首先与金标抗体结合成抗原抗体复合物，抗原抗体复合物上行到检测线时，被测抗原的另一结合位点与包被在此处的单抗结合，形成两个抗体结合一个抗原（双抗体夹心）的金标复合物，因有金颗粒在此沉积，故检测线显红色。未结合抗原的金标抗体上行到对照线时，与"抗金标抗体"结合，所以对照线也显红色。

阴性：测试条上端仅有一条红色对照线出现。待测标本中无被测抗原，测试条上只有金标抗体上行并与对照线处的抗体结合，使金颗粒沉积在此处而显红色。

无效：测试条上下两端均无红色对照线出现，表明试验失败或测试条失效。

Muller 等（1980）应用该技术对牛痘病毒进行了免疫电镜研究，Geoghegan 等（1980）、Leuvering（1983）应用胶体金进行了被动凝集试验，Leuvering（1983）用胶体金做了早孕诊断研究。进入 20 世纪 90 年代，免疫胶体金检测试剂在临床上应用，已应用于结核杆菌、沙门菌等致病菌的检测，杨晋川等用 O157 大肠杆菌免疫胶体金快速诊断卡，对腹泻患者粪便样品中的 *E. coli* O157 进行初筛，然后再用免疫磁珠捕获集菌，使病原菌的分离与鉴定于一体，减少了工作量，提高了分辨率，具有很强的实用性。谢昭聪等研究的霍乱胶体金试条的最小检出量为 10^6CFU/mL，霍乱患者大便中，一般含菌量可达 $10^6 \sim 10^9$CFU/mL，因而可用于这种疾病的快速诊断。

四、应用实例

下面以 ELISA 法检测致泻性大肠埃希菌肠毒素为例进行介绍。

（一）产毒培养

将待检菌株和阳性及阴性对照菌株分别接种于 0.6mL CAYE 培养基内，37℃振荡培养过夜。加入 20000IU/mL 的多黏菌素 B 0.05mL，于 37℃，离心 1h，分离上清液，加入 0.1%硫柳汞 0.05mL，于 4℃保存待用。

（二）LT 检验方法（双抗体夹心法）

（1）包被 先在产肠毒素大肠埃希菌 LT 和 ST 酶标诊断试剂盒中取出包被用 LT 抗体管，加入包被液 0.5mL，混匀后全部吸出与 3.6mL 包被液中混匀，以每孔 100μL 量加入到 40 孔聚苯乙烯硬反应板中，第一孔留空作对照，于 4℃冰箱湿盒中过夜。

（2）洗板 将板中溶液甩去，用洗涤液（0.01mol/L pH 7.4，PBS-Tween-20）洗 3 次，甩尽液体，翻转反应板，在吸水纸上拍打，去尽孔中残留液体。

（3）封闭 每孔加 100μL 封闭液，于 37℃水浴中 1h。

（4）洗板 用洗涤液洗 3 次，操作同（2）。

（5）加样品 每孔分别加各种试验菌株产毒培养液 100μL，37℃水浴中 1h。

（6）洗板 用洗涤液洗 3 次，操作同（2）。

（7）加酶标抗体 先在酶标 LT 抗体管中加 0.5mL 稀释液，混匀后全部吸出于 3.6mL 稀释液中混匀，每孔加 100μL 于 37℃水浴中 1h。

（8）洗板 用洗涤液洗 3 次，操作同（2）。

（9）酶底物反应 每孔（包括第一孔）各加基质液 100μL，室温下避光作用 5 ~ 10min，加入终止液 50μL。

（10）结果判断 用酶标仪在波长 492nm 下测定吸光度 OD 值，待测标本 OD 值大于 3 倍以上阴性对照为阳性，目测颜色为橘黄色或明显高于阴性对照为阳性。

（三） ST 检验方法（抗原竞争法）

（1）包被　先在包被用 ST 抗原管中加 0.5mL 包被液，混匀后全部吸出于 1.6mL 包被液中混匀，以每孔 50μL 加入于 40 孔聚苯乙烯软反应板中。加液后轻轻敲板，使液体布满孔底。第一孔留空作对照，置 4℃ 冰箱湿盒中过夜。

（2）洗板　用洗涤液洗 3 次，操作同 LT 检测法中（2）。

（3）封闭　每孔加 100μL 封闭液，于 37℃ 水浴中 1h。

（4）洗板　用洗涤液洗 3 次，操作同 LT 检测法中（2）。

（5）加样品及 ST 单克隆抗体　每孔分别加各种试验菌株产毒培养液 50μL，稀释的单克隆抗体 50μL（先在 ST 单克隆抗体管中加 0.5mL 稀释液，混匀后全部吸出于 1.6mL 稀释液中，混匀备用），37℃ 水浴中 1h。

（6）洗板　用洗涤液洗 3 次，操作同 LT 检测法中（2）。

（7）加酶标记兔抗鼠 1g 复合物　先在加酶标记兔抗鼠 1g 复合物管中加 0.5mL 稀释液，混匀后全部吸出于 3.6mL 稀释液中混匀，每孔加 100μL 于 37℃ 水浴中 1h。

（8）洗板　用洗涤液洗 3 次，操作同 LT 检测法中（2）。

（9）酶底物反应　每孔（包括第一孔）各加基质液 100μL，室温下避光作用 5~10min，再加入终止液 50μL。

（10）结果判定　用酶标仪在波长 492nm 处测定 OD 值：

$$\frac{阴性对照 OD 值-待测样品 OD 值}{阴性对照 OD 值}×100\% = 50\%$$

为阳性，目测无色或明显淡于阴性对照为阳性。

第二节　聚合酶链反应（PCR）等技术

聚合酶链反应（Polymerase Chain Reaction，PCR）是 1985 年由美国 Kary Mullis 等首创并由美国 Cetus 公司开发的一项体外扩增 DNA 的方法。该方法可使微量特定 DNA 片段几小时内迅速扩增至百万倍。首先在高温（95℃）下使得 DNA 变性，DNA 双链变成单链；每条 DNA 经单链迅速降温（55℃）退火，与引物结合后升至 72℃ 进行 DNA 链延伸。之后温度重新上升到 95℃，使得 DNA 再次变性，开始新的循环。这就是所谓的热循环。经一套扩增循环（21~31 次）就能将 1 个单分子 DNA 扩增到 10^7 个分子。整个过程可以在 1h 内通过 PCR 仪完成，其原理见图 6-3。由于 PCR 技术具有特异性强、灵敏度高和快速准确的特点，因而发展迅速，不仅用于基因方面的基础研究，而且在医学、食品科学、农业科学等领域也发挥着极其重要的作用。PCR 是近十多年来应用最广的分子生物学方法，在食源性致病菌的检测中，常是以其遗传物质高度保守的核酸序列设计特异引物进行扩增，进而用凝胶电泳和紫外核酸检测仪观察扩增结果。其中，依赖 PCR 的 DNA 指纹图谱技术、多重 PCR 检测技术（m-PCR）、定量 PCR 检测技术等应用最为广泛。但是 PCR 方法也有一定的局限性，仅限于那些核酸序列已知的微生物的鉴定，而且在啤酒腐败菌检测中不能得知所提取的 DNA 是来自于活细胞还是死细胞。

PCR 扩增反应完成之后，必须通过严格的鉴定，才能确定是否真正得到了准确可靠的预期

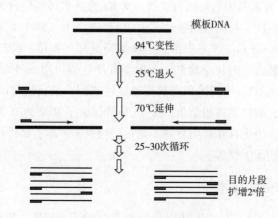

图 6-3　PCR 原理示意图

特定扩增产物。凝胶电泳是检测 PCR 产物常用和最简便的方法，能判断产物的大小，有助于产物的鉴定。凝胶电泳常用的有琼脂糖凝胶电泳和聚丙烯酰胺凝胶电泳，前者主要用于 DNA 片段大于 100bp 者，后者主要用来检测小片段 DNA。目前发展出高效液相色谱法等其他检测 PCR 产物的技术。

琼脂糖凝胶电泳是实验室最常用的方法，简便易行，只需少量 DNA 即可进行实验。其原理是不同大小的 DNA 分子通过琼脂糖凝胶时，由于泳动速度不同而被分离，经溴化乙锭（EB）染色，在紫外光照射下 DNA 分子发出荧光而判定其分子的大小。

一、依赖 PCR 的 DNA 指纹图谱技术

依赖 PCR 的 DNA 指纹图谱技术是通过各种改进的 PCR 技术，使目标微生物的核酸经扩增后，产生多条 DNA 扩增片段（特异性和非特异性的），通过统计分析，找出某种微生物的特有条带，进行区别鉴定。常见的有随机引物扩增 DNA 多态（RAPD）技术和基因内重复性一致序列（ERIC）的扩增技术。

ERIC 片段是存在于肠道细菌核酸中的重复 DNA 序列，含有一段高度保守的中心反转重复序列，分布在细菌染色体的不同位点上且以不同的距离分隔，因此，以这些重复的 DNA 片段作为 PCR 扩增时引物的结合位点，使其被分隔的片段大量扩增，在凝胶电泳上形成一系列的条带，从而区分不同的肠道细菌。Versalovio 等曾用与 ERIC 重复序列互补的寡核苷酸片段作为引物及斑点杂交 DNA 探针来检测包括大肠杆菌、沙门菌、志贺菌等不同菌种间存在的特异 DNA 指纹图谱。与 RAPD 相比，此法引用的引物序列固定，结果的重复性更好。

二、多重 PCR 检测技术（m-PCR）

PCR 技术已经运用于食品中单一致病菌的检测，并得到一定程度的推广，但食品中往往含有多种致病菌。多重 PCR 的建立，实现了多种食源性致病菌的同时检测。m-PCR 是指在同一个反应体系中，加入多对特异性引物，如果存在与各引物对特异性互补的模板，即可同时在同一反应管中扩增出一条以上的目的 DNA 片段，实现了一次性检测多种致病菌的目的。

1999 年，Kong 等运用 m-PCR 技术，用 6 对引物分别对产毒素性大肠杆菌（ETEC）的不耐热肠毒素 LT1、LT2 和 ST1 基因、肠道出血性大肠杆菌的 VT1、VT2（Verotoxin）基因及肠道

致病性大肠杆菌的 EAE 毒素基因同时进行扩增，对 88 株从水环境中分离的菌株进行筛查，检测了水样受粪便污染的程度，检测灵敏度达到 100CFU/100μL。2002 年又通过多重 PCR 实现了海水中气单胞菌（*Aeromonas sp.*）、志贺菌、小肠结肠炎耶尔森菌、沙门菌、霍乱弧菌和副溶血性弧菌等 6 种病原细菌的同时快速检测。我国学者严笠等应用 m-PCR，在同一扩增体系中同时扩增了 *E. coli* O157：H7、沙门菌和志贺菌特征性基因，最后通过凝胶电泳实现了这三种致病菌的同时快速检测，取得了理想结果。m-PCR 既保留了常规 PCR 的特异性、敏感性，又减少了操作步骤及试剂。但也存在较明显的不足：扩增效率不高、敏感性偏低；扩增条件需摸索与协调；可能出现引物间干扰等。

三、实时荧光定量 PCR 技术

PCR 扩增时在加入一对引物的同时加入一个特异性的荧光探针，该探针为一寡核苷酸，两端分别标记一个报告荧光基团和一个淬灭荧光基团（原理见图 6-4）。探针完整时，报告基团发射的荧光信号被淬灭基团吸收；刚开始时，探针结合在 DNA 任意一条单链上；PCR 扩增时，Taq 酶的 5′端-3′端外切酶活力将探针酶切降解，使报告荧光基团和淬灭荧光基团分离，从而荧光监测系统可接收到荧光信号，即每扩增一条 DNA 链，就有一个荧光分子形成，实现了荧光信号的累积与 PCR 产物形成完全同步。

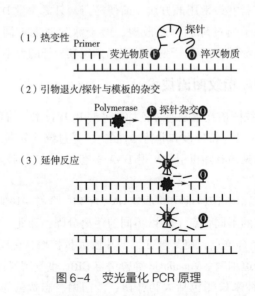

图 6-4　荧光量化 PCR 原理

实时定量技术是近年来发展起来的新技术，这种方法既保持了 PCR 技术灵敏、快速的特点，又克服了以往 PCR 技术中存在的假阳性污染和不能进行准确定量的缺点。实时荧光定量 PCR 技术无须内标物，而是在反应体系中加入荧光基团，利用荧光信号积累实时监测整个 PCR 进程，最后通过标准曲线对未知模板进行定量分析的方法，有效地解决了内标定量 PCR 只能终点检测的局限，实现了每一轮循环均检测一次荧光信号的强度，并记录在电脑软件之中，通过对每个样品 Ct 值（每个反应内的荧光信号到达设定的域值所经历的循环数，Cycle threshold）计算，根据标准曲线得出定量结果（图 6-5）。实时荧光定量 PCR 将 DNA 扩增和分子杂交同步进行，且采用了闭管检测，扩增后无须电泳，自动化程度高，减少了污染的可能性，提高了检测的灵敏度和特异性。

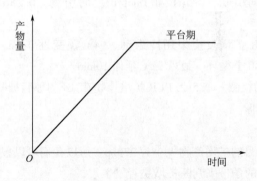

图 6-5 PCR 产物积累规律示意图

实时荧光定量 PCR 技术是迄今为止定量最准确、重现性最好的定量方法，广泛用于基因表达研究、转基因研究、病原体检测、药物疗效考核等诸多领域。Nele 等对医院附近饮用水中军团菌（*Legionellae*）Mip（macrophage infectively potentiator）基因的检测，在保守序列 16S rRNA 基因处设计引物，利用双探针杂交对 77 个水样中 44 种军团菌进行检测，检测率达到 98.7%，敏感性为 1fg 左右。我国学者张世英等根据霍乱弧菌（*Nha*A）基因保守序列，设计合成霍乱弧菌荧光定量 PCR 诊断试剂盒，显示其独特的优越性。

四、应用实例

应用 PCR 技术检测乳品中的金黄色葡萄球菌。

（一）实验器材及试剂

实验器材：PCR 仪，电泳仪，凝胶成像系统。

实验试剂：10×PCR buffer、dNTPs、TaKaRa Taq、DNA Marker DL2000、溶葡萄球菌酶、无水乙醇、石油醚、氯仿、糖原、引物。

正向引物：5′-GCGATTGATGGTGATACGGTT-3′

反向引物：5′-AGCCAAGCCTTGACGAACTAAAGC-3′

（二）操作步骤

利用 PCR 技术从乳品中直接检测金黄色葡萄球菌，其操作方法如下。

（1）DNA 模板的制备具体步骤

①将 1mL 无水乙醇、1mL 氨水和 1mL 石油醚分别加入到 5mL 的待测乳品中，并混匀。

②混合物以 12000×g，离心 10min。弃去上清液，沉淀用 300μL 10mmol/mL TE（pH 7.8）溶解后，加入 5μL 10mg/mL 溶葡萄球菌酶，37℃温育 1h，期间不断剧烈振荡。然后加入 50μL 10% 的 SDS，煮沸 5min。

③将等体积的氯仿加入上述混合液中，充分振荡混匀，17000×g 离心 10min，弃沉淀，保留上清液。

④将上清液移入一新离心管中，用 0.1 倍体积 2.5mol/L 乙酸铵（pH 5.4），2.5 倍体积预冷无水乙醇和 5μL 10mg/mL 糖原沉淀 DNA，混合物 17000×g 离心 20min。DNA 沉淀干燥后用 100μL 无菌双蒸水溶解，备用。

（2）配制反应体系 总反应体系为 50μL，其中包括 5μL 10×PCR buffer、4μL dNTPs 混合

物，0.5μL 40μmol/L 正向引物，0.5μL 40μmol/L 反向引物，0.25μL（5U/μL）Taq，模板 2μL，水 37.75μL。

（3）PCR 扩增　PCR 扩增反应采用冷启动。94℃预变性 4min，再按 94℃ 1min→52℃ 0.5min→72℃ 1min 进行 30 个循环，最后 72℃延伸 10min。

（4）PCR 扩增产物的检测　取 5μL PCR 扩增产物在 2%的琼脂糖凝胶上进行电泳，利用凝胶成像系统观察结果并成像。

（三）报告结果

根据引物的位置可知目的扩增产物大小为 279bp，所以我们可以根据 PCR 扩增产物在琼脂糖凝胶上是否形成 279bp 的条带来判断扩增是否发生。

如果 PCR 扩增产物在琼脂糖凝胶 279bp 的位置有条带，证明乳品中有金黄色葡萄球菌的存在。如果 PCR 扩增产物在琼脂糖凝胶 279bp 的位置没有条带，就证明乳品中不存在金黄色葡萄球菌。

第三节　基因芯片技术

基因芯片技术是 20 世纪末诞生的一项新型生物技术。基因芯片产生的基础是分子生物学、微电子技术、高分子化学合成技术、激光技术和计算机科学的发展及其有机结合。基因芯片技术是以基因序列为分析对象的生物芯片，是技术最成熟、最早进入应用和实现商业化的生物芯片。基因芯片是把大量已知序列探针集成在同一个芯片上，经过标记的靶核苷酸序列与芯片特定位点上的探针杂交，通过检测杂交信号，对细胞或组织中大量的基因信息进行检测与分析。

基因芯片技术根据核酸的分子杂交技术衍生而来，它是将已知各种基因寡核苷酸点样于芯片表面，微生物样品 DNA（如致病菌的毒力基因、抗生素耐受基因）经 PCR 扩增后制备荧光标记靶基因，然后根据碱基互补原则，再与芯片上寡核苷酸点杂交，最后通过扫描仪定量和分析荧光分布模式来确定检测样品是否存在某些特异微生物。这种方法可以快速、准确地检测和鉴定食物中的病原菌。基因芯片主要技术流程包括：芯片的设计与制备；样品制备；芯片杂交；杂交信号检测。

一、芯片制备

将许多特定的寡核苷酸片段或 cDNA 基因片段作为靶基因探针有规律地排列固定于支持物上，即制成芯片。可根据筛选出的不同致病菌的特异 DNA 靶序列制作探针。一张芯片上可同时固定多种不同致病菌的不同的特异性探针。由于基因芯片是将大量按照靶基因的特点及检测要求预先设计的探针固化在支持物表面，一次杂交可检测样品中多种靶基因相关信息，使基因芯片技术具有了高通量的特点。

二、样品制备

样品在培养后进行裂解，提取致病菌的模板 DNA，采用 PCR 扩增，对扩增出来的产物进行荧光标记。再用 2.0%琼脂糖凝胶电泳检测，得到的荧光标记产物可用于杂交试验。

三、杂交反应

将扩增后并已标记的待测致病菌 DNA 标品滴加于基因芯片上，与芯片上的特异性 DNA 进行杂交。选择合适的反应条件能使生物分子间反应处于最佳状况中，减少生物分子之间的错配率。被检测的致病菌如果存在，其 DNA 便与芯片 DNA 杂交成功，经洗涤晾干后，进行结果分析。

四、信号检测和结果分析

采用芯片扫描仪，如荧光扫描仪、共聚焦显微镜等进行检测，根据荧光的有无及强弱来确定被测致病菌是否存在。

Carl 等对 4 种细菌，即大肠埃希菌、痢疾杆菌、伤寒杆菌、空肠弯曲菌采用了基因芯片的检测方法，其检测结果不仅敏感度高于传统方法，且操作简单，重复性好，并节省了大量时间，大大提高了 4 种细菌的诊断效率。

以水、食品和临床采集的样品为样本，从中分离有关致病菌或卫生指标菌，并以沙门菌、志贺菌和大肠埃希菌的标准菌株作对照菌株，观察基因芯片检测致病菌的敏感性、特异性，并与常规检测方法、PCR 检测方法作对比。结果表明，采用基因芯片技术几乎可以检测上述所有的细菌，检测结果与传统方法符合率为 98%，与 PCR 检测结果 96.3% 一致。基因芯片技术检测时间约 4h；而 PCR 检测需要 8h；传统的方法需要 25d。勒连群等采用合成后点样的方法，把自行合成的一系列寡核苷酸探针固定在经过醛基化修饰的显微镜载玻片上，制成用于致病菌检测的基因芯片。在相同的条件下，扩增了涉及 12 个菌属的 151 株细菌的 16Sr DNA 基因片段并与基因芯片杂交，经 Scan Array 3000 芯片阅读仪扫描得到特异性的杂交图，得到一套属（种）特异的典型杂交图谱，然后将待检的样品菌与基因芯片进行杂交，得到的杂交结果与典型图谱比对即可判断出样品的种类，准确率达到 96.2%。唐晓敏等利用此技术检测水中常见致病菌，与传统方法鉴定结果一致性为 95%，并且对于一个未知菌落，可以在 4h 之内完成菌种判断，为快速检测与鉴定常见致病菌提供了有效的手段。

基因芯片技术引入微生物检测领域为建立快捷高效的检测方法提供了技术平台。用于食品、水质中常见细菌/霉菌检测的基因芯片已经问世。该技术还可以用于食物中毒及临床样品中致病菌的快速诊断、分子流行病学调查等，具有广阔的应用前景和较大的经济与社会效益。

五、应用实例

以肉中常见食源性致病菌为例并结合 FTA 滤膜技术，说明基因芯片技术在食品检测中的应用。

（一）实验器材及材料

（1）实验器材　SSC、Denhardt's 溶液、SDS、鲑鱼精 DNA、Taq DNA 酶、dNTP、DNA Marker，基因芯片点样仪、基因芯片扫描仪、高速低温离心机、紫外分光光度计、基因扩增仪、凝胶成像分析系统。

（2）实验材料　牛肉、猪肉、羊肉、鸡肉。

（二）实验方法

（1）寡核苷酸探针的设计　用 Array Designer 4.0 软件来设计 15 株菌种的共有和特异性探针，设计标准为：探针长度在 25~28bp，探针与非目的序列的错配碱基不超过 13bp，重复碱基不超过 6 个，最小的解链温度为 56℃。用 Bioedit 8.0 软件创建不同致病菌 16S rDNA 的本地 BLAST 数据库，将设计好的探针进行本地 BLAST 选出合适的探针，探针由 TaKaRa 公司合成并进行氨基化修饰。探针名称和序列见表 6-1。

表 6-1　　　　　　　　　探针名称和序列

编号	探针名称	序列
1	共有探针（Common probe）	CGGTGAATACGTTCCCGGGCCTTGTAC
2	阴性对照探针（Negative control probe）	GACTAGTCGATCGTAGCATTGCATGCAAC
3	空白对照（Nothingness antitheses）	
4	革兰阳性菌的共有探针（G⁺ probe）	GACGTCAAATCATCATFCCCCTTATGTC
5	革兰阳性菌的共有探针（G⁻ probe）	GACGTCAAGTCATCATGGCCCTTACGAC
6	肠道菌致病菌的共有探针 1（Intetinal bateria common probe 1）	GGCGCTTACCACTTTGTGATTCATGAC
7	肠道菌致病菌的共有探针 2（Intetinal bateria common probe 1）	GCACTTTATGAGGTCCGCTTGCTCTCGCG
8	大肠杆菌、沙门菌、宋内氏志贺菌共有探针（*Escherichia coli*，*Salmonella* and *Shigella common* probe）	GCGCATACAAAGAGAAGCGACCTCGCGA
9	金黄色葡萄球菌共有探针 1（*Staphylococcus aureus* probe1）	AAGCCCGGTGGAGTAACCTTTTAGGAGC
10	金黄色葡萄球菌共有探针 2（*Staphylococcus aureus* probe1）	AGTAACCATTTGGAGCTAGCCGTCG
11	金黄色葡萄球菌共有探针 3（*Staphylococcus aureus* probe1）	TAGAGTAACCTTTTGGAGCTAGCCG
12	肉毒梭状芽孢杆菌共有探针（*Clostridium botulinum* probe）	GTAGGTACAATAAGACGCAAGACCGTGA
13	产气荚膜梭菌探针（*Clostridium perfringens* probe）	AGCCAAACTTAAAAACCAGTCTCAGTTC
14	志贺菌共有探针（*Shigella sonnei* probe）	GCTAAAAGAAGTAGGTAGCTTAACCTTC
15	霍乱弧菌探针 1（*Vibrio cholerae* probe 1）	AGGGCAGCGAATACCGCGAAGGTGGAGC

续表

编号	探针名称	序列
16	霍乱弧菌探针 2 (*Vibrio cholerae* probe 2)	CCTTCGCGGTATTCGCTGCCCTCTGT
17	普通变形杆菌探针 (*Proteus vulgaris* probe)	TTAAGTCGTATCATGGCCCTTACGAGTA
18	单核增生李斯特菌探针 (*Listeria monocytogenes* probe)	CTAATCCCATAAAACTATTCTCAGT
19	小肠结肠炎耶尔森菌探针 (*Yersinia enterocolitica* probe)	GCAAGCGGACCACATAAAGTCTGTCGTA
20	蜡样芽孢杆菌探针 (*Bacillus cereus* probe)	GGTACAAAGAGCTGCAAGACCGCGAGG
21	副溶血性弧菌探针 (*Vibrio parahaemolyticus* probe)	GTTTCAACTACGGGGGGACGCTTACCA
22	河流弧菌探针 (*Vibrio fluvialis* probe)	ACAGAGGGCGGCCAACTTGCGAAAGTGA
23	拟态菌探针 1 (*Vibrio mimicus* probe 1)	AAATCAGAATGTTGCGGTGAATACGTT
24	拟态菌探针 2 (*Vibrio mimicus* probe 2)	GTATACAGAGGGCAGCGATACCGCGAGGT
25	乙型溶血性链球菌探针 (*β-Hemolytic streptococcus* probe)	TCAGCACGCCGCGGTGAATACGTTCCC

（2）基因芯片的寡核苷酸探针　寡核苷酸探针的设计是基因芯片成功与否的关键，此处设计了 25 条寡核苷酸探针并进行了氨基化修饰（表 6-1）。探针 1 是所有真细菌的共有探针，选自目的片段的保守序列；探针 2 是阴性对照探针；探针 3 是空白对照；探针 4 是革兰阳性菌的共有探针；探针 5 是革兰阴性菌的共有探针；探针 6、7 是肠道致病菌的共有探针；探针 8 是宋内氏志贺菌、大肠杆菌和沙门菌的共有探针；探针 9~25 分别是每种菌的特异性探针。探针的分布见图 6-6。

探针 1、2 和 3 是为了杂交区域的定位和结果的可靠性而设计，如果探针 2 出现了信号则可肯定模板的提取、基因扩增或杂交的过程存在一定的问题，试验结果不可信。

（3）基因芯片的前处理和制作　将探针溶于 TE 稀释液中稀释至 40μmoL，然后用点样稀释液稀释至 20μmoL。将探针按一定顺序移至 384 孔板（Genetix）中。打开 OmniGrid 点样仪，装上 MicroQuill 2000 点样针（Majer Qrecision），放上 384 孔样品板及待点样基片，运行程序开始点样。点样完成的芯片置点样仪中水合 30min，室温干燥 2h。以封闭液封闭 15min、水冲洗 2 次、室温干燥后备用。

（4）15 株食源性致病菌芯片杂交的标准图谱建立　提取 15 株食源性致病菌的 DNA，做不

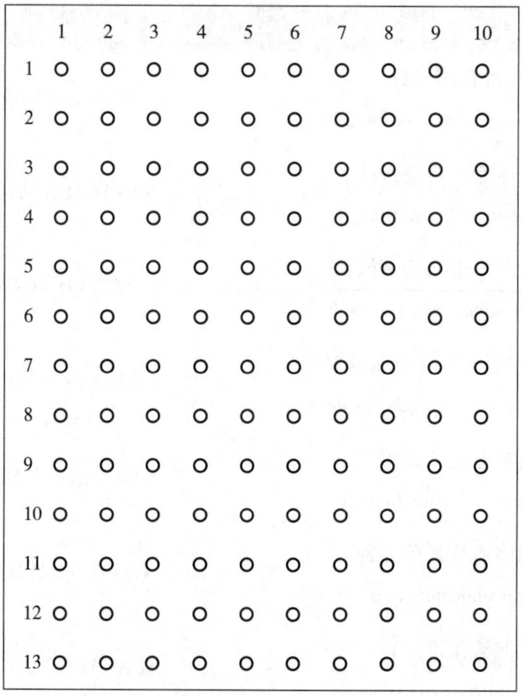

图 6-6　探针分布图

注：从第 1 行的第 1 列到第 5 列为共有探针；从第 2 行的第 1 列到第 5 列为阴性探针；从第 3 行的第 1 列到第 5 列为空白对照；第 4 行的第 1 列到第 5 列为 G⁺ 探针；从第 5 行的第 1 列到第 5 列为 G⁻ 探针；从第 6 行的第 1 列到第 5 列为肠道菌共有探针 1；从第 7 行的第 1 列到第 5 列为肠道菌共有探针 2；从第 8 行的第 1 列到第 5 列为大肠杆菌、沙门菌、志贺菌共有探针；从第 9 行的第 1 列到第 5 列为金黄色葡萄球菌探针 1；从第 10 行的第 1 列到第 5 列为金黄色葡萄球菌探针 2；从第 11 行的第 1 列到第 5 列为金黄色葡萄球菌探针 3；从第 12 行的第 1 列到第 5 列为肉毒梭状芽孢杆菌探针；从第 13 行的第 1 列到第 5 列为产气荚膜梭菌探针；从第 1 行的第 6 列到第 10 列为宋内氏志贺菌探针；从第 2 行的第 6 列到第 10 列为霍乱弧菌探针 1；从第 3 行的第 6 列到第 10 列为霍乱弧菌探针 2；从第 4 行的第 6 列到第 10 列为普通变形杆菌探针；从第 5 行的第 6 列到第 10 列为单核增生李斯特菌探针；从第 6 行的第 6 列到第 10 列为小肠结肠炎耶尔森菌探针；从第 7 行的第 6 列到第 10 列为蜡样芽孢杆菌探针；从第 8 行的第 6 列到第 10 列为副溶血性弧菌探针；从第 9 行的第 6 列到第 10 列为河流弧菌探针；从第 10 行的第 6 列到第 10 列为拟态菌探针 1；从第 11 行的第 6 列到第 10 列为拟态菌探针 2；从第 12 行的第 6 列到第 10 列为乙型溶血性链球菌探针；从第 13 行的第 6 列到第 10 列为共有探针。

对称 PCR 扩增和产物的标记：将 15 株菌种的 16S rDNA 序列用 NTI9.0 软件进行同源性比较，选取 16S rDNA 末端一段 356 bp 左右突变率较高的区域作为目的序列，用 Oligo 6.0 在此区域的两端设计一对通用引物。R2 用荧光素 Cy5 标记，随着不对称 PCR 反应的完成，含有 R2 的寡核苷酸单链也被标记上了荧光素 Cy5。

（5）基因芯片的杂交和数据的获得与分析　取 6μL 第二轮 PCR 产物 94℃变性 5min，迅速冰浴 5min，与 6μL 杂交液混合，点样到具有探针区域的基因芯片上，盖上盖玻片防止液体挥发，放入杂交盒中，58℃杂交 1.5h。杂交结束后，用 0.1×SSC 将盖玻片冲掉，用 0.1×SSC 和 0.2×SDS 的预热混合液（58℃）洗涤两次，每次 1min，再用 1×SSC 的预热液（58℃）洗涤一次 2min，用离心机 1500r/min 室温干燥 5min。用 genepix4 对杂交结果进行扫描检测和分析，建立芯片杂交的标准图谱。

（6）样品检测

①鲜肉样品（牛肉、猪肉、羊肉、鸡肉）：取 25g 样品加入 225mL 生理盐水均质制成匀浆液。

②食品样品模板 DNA 的提取：取 10mL 匀浆以 5000r/min 离心 10min。吸取上清液加入另一灭菌离心管中以 14000r/min 离心 10min，沉淀用 500μL 生理盐水悬浮，加入 0.25 倍体积的乙酸乙酯，振荡器混匀 2min，然后以 17000r/min 离心 10min。去掉上清液，沉淀用 20μL 生理盐水悬浮，加入直径 2.00mm 滤膜片，然后 56℃ 干燥，干燥后的滤膜片，加入 10% SDS 溶液 200μL 煮沸 10min，用滤膜专用缓冲液洗涤两次，然后再用 TE 缓冲液洗涤两次，56℃ 干燥后，可作为 PCR 反应的模板。

③按建立基因芯片杂交标准图谱的方法进行不对称 PCR 扩增。

④按建立基因芯片杂交标准图谱的方法进行基因芯片的杂交。

⑤用 genepix4 分析得到有杂交信号的点，检测结果与标准图谱相比较，每条探针 5 个点，取 5 个杂交点中的平均值，以 1000 个单位作为杂交检测的临界点，当信号强度大于 1000 个单位时，检测结果为阳性，当信号强度小于 1000 个单位时，检测结果为阴性。如肉品样品中检测的扫描结果和芯片杂交的标准图谱中产气荚膜梭菌的图谱相同，且信号强度大于或等于 1000 个单位，即可判定为气荚膜梭菌污染，通过扫描软件也可自动分析检测结果。

综上所述，基因芯片技术作为一种新技术，具有快速、准确、灵敏等优点，又能同时平行检测大量样本。基因芯片技术在食品致病菌检测中是一个全新领域，国外已开始食品致病菌检测芯片的研究，但仍处于早期研发阶段。而在国内，该领域仍处于初步摸索阶段。基因芯片技术检测食品中致病菌在不久的将来必将会标准化、商品化，人们期望在一张芯片上检测到几乎所有致病菌，实现真正意义上致病菌检测的技术革命。

第四节　其他快速检测方法

一、生物传感器技术

生物传感器选用选择性良好的生物材料（例如酶、DNA 和抗原等）作为分子识别元件，当待测物与分子识别元件特异性结合后，所产生的复合物（或光、热等）通过信号转换器变为可以输出的电信号、光信号等并予以放大输出，从而得到相应的检测结果（图 6-7）。其具有较好的敏感性和特异性，其操作简便、反应速度快。如对沙门菌的检测时间可缩短到 24h 以内。已有试验成功表明，采用酶免疫电流型生物传感器可实现对存在于食品中少量的沙门菌、大肠杆菌和金黄色葡萄球菌等的检测。Tahir 等采用电化学免疫传感器技术检测 *E. coli* O157：H7，可以在 10min 内完成分析，检测精度可达 10CFU/mL。

二、自动化仪器分析技术

计算机技术的应用极大地促进了微生物检测技术的发展，自动微生物鉴定系统就是这两者

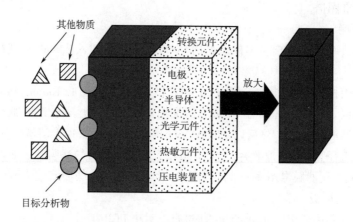

图6-7 生物传感器结构示意图

结合的产物，其原理是将微生物数码鉴定的方法与计算机技术结合起来，通过系统对生化反应自动判定，组成数码并与数据库中的已知分类单位相比较，获得相似系统鉴定值而获得结果。国内外已有很多全自动微生物分析系统问世，如 Vitek 系统、Biolog 系统、Midd 系统、Sensitire 系统、Autosceptor 系统、Bax 系统等。其中由法国生物梅里埃集团生产的 Vitek 全自动细菌鉴定及药敏分析系统和 Vidas 全自动快速致病菌筛选仪，已得到美国分析化学家协会（AOAC）认可，Vitek-AMS 可以鉴定革兰阳性菌、革兰阴性菌、厌氧菌等约 300 余种（属）的微生物，Vidas 分析仪只需 1~2.5h 就能报告检测结果，可同时分析 30 个标本，所有操作均为全自动，能检测沙门菌、大肠杆菌等 6 种常见的致病菌。

三、"干片"法

"干片"法是利用无毒的高分子材料做培养基载体，快速、定性和定量检测试纸和胶片的食品微生物检测方法，集现代化学、高分子科学、微生物学于一体，已经达到作为定量常规法的水平。对有些项目的测定，几乎可与标准方法相媲美。如 3M 公司的 Perrifilm Plate 系列微生物测试片，可分别检测菌落总数、大肠菌群、霉菌和酵母菌计数。由 RCP Scientific Inc 公司开发上市的 Regdigel 系列，还有检测乳杆菌、沙门菌、葡萄球菌的产品，并且与传统检测方法之间的相关性非常好。由于其准确度和精确度高，可测定少量检品，不需要配制试剂，操作简便快速，易于消毒保存，便于运输，携带方便，价格低廉，可随时进行。加之无其他任何废液废物，大大减少或消除对环境的污染，故适用于实验室、生产现场和野外环境工作，可以使防疫工作人员随时取样检查，减轻劳动强度，提高检验质量。

四、综合法

（1）ATP 生物发光法　近年来发展较快，在活细胞中 ATP 含量近乎是恒定的，利用特殊的酶试剂水解细菌的细胞膜，使 ATP 释放，ATP 与荧光素——荧光素酶制剂反应变成 AMP 和光，产生的光的强度与 ATP 成正比。细菌 ATP 的量与细菌数成正比，通过测定光的强度可以确定细菌浓度。这种方法可以用于鲜肉、鲜鱼、牛乳、啤酒、矿泉水等多个领域的检测。

（2）阻抗法　微生物在生长繁殖的过程中，其代谢产物的增加会导致液体培养基中电阻的变化，使介质的导电性增强，即电阻减小。阻抗法就是依据该原理，通过检测微弱的电位变化，培养过程中，在出现菌落之前就能检测到微生物的存在，如法国生物梅里埃公司生产的 Bactormer 细菌分析仪就是依此原理制成的。它能在 6~12h 测定各种食品的总菌数，以及选择性检测各种致病和非致病菌。目前市售商品有英国 MalthuS Micro Biol Analyser 系统，它是测定电导率的变化。另一种是美国 Bactometer 微生物监控系统，它是测定阻抗变化。

思考题

1. 请举例说明快速检测技术在食源性致病菌检测中的应用，并归纳致病菌快速检测技术对比传统检测技术有何优势。

2. 请简述 ELISA 技术的原理及其在致病菌检测中的应用。

3. 什么是 PCR 技术？常见的 PCR 技术有哪些类型？请举例说明 PCR 技术在食源性致病菌检测中的应用。

4. 请谈谈快速检测技术在食源性致病菌检测中的应用前景。

参 考 文 献

［1］Anderson K M, Cheung P H, Kel M D. Rapid generation of homologous internal standards and evaluation of data for quantitation of messenger RNA by competitive polymerasechain reation. ［J］. *Pharmacol Toxicol Methods*, 1997, 38: 133-140.

［2］Kong RYC, So CL, Law WF, et al. Rapid detection of six types of bacterial pathogens in marine waters by multiplex PCR ［J］. *Water Res*, 2002, 36: 2802-2812.

［3］Nele WG, Cathrin FR, Reinhard MR. Detection of *Legionelae* in hospital water samples by quantitative real-time Light Cycle PCR ［J］. *Appl Environ Microbio*, 2001, 67 (9): 3985-3993.

［4］张伟，袁耀武. 现代食品微生物检测技术［M］. 北京：化学工业出版社，2007.

［5］马立人，蒋中华. 生物芯片［M］. 2 版. 北京：化学工业出版社，2002.

［6］杨洋，张伟，袁耀武. PCR 检测乳品中金黄色葡萄球菌［J］. 中国农业科学，2006，39 (5): 990-996.

［7］奥斯伯. 精编分子生物学指南［M］. 5 版. 北京：科学出版社，2020.

［8］萨姆布鲁克，拉塞尔. 分子克隆实验指南［M］. 3 版. 北京：科学出版社，2002.

［9］罗云波，生吉萍，陈道宗. 食品生物技术导论［M］. 3 版. 北京：中国农业大学出版社，2016.

［10］宋思扬，楼士林. 生物技术概论［M］. 3 版. 北京：科学出版社，2007.

［11］方莹. 免疫胶体金技术及其在微生物检测中的应用［J］. 中国卫生检验杂志，2006，16 (11): 1399-1401.

［12］龙海，李农，李芳荣．四种黄单胞菌的基因芯片检测方法的建立［J］．生物技术通报，2011（1）：186-190.

［13］陆兆新．现代食品生物技术［M］．北京：中国农业出版社，2002.

食品微生物检验学实验指导

第一节　水质卫生检测实验指导

一、菌落总数测定

1. 目的

（1）学习并掌握细菌的分离和菌活计数的基本方法和原理。

（2）了解菌落总数测定在对被检样品进行卫生学评价中的意义。

2. 原理

菌落总数是指 1mL 水样在一定条件下（培养基成分、培养温度和时间、pH、需氧性质等）培养后所含菌落的总数。按本方法规定所得结果只包括一群能在营养琼脂上生长的嗜中温性需氧的细菌菌落总数。菌落总数主要作为判别食品被污染程度的标志，也可以应用这一方法观察细菌在食品中繁殖的动态，以便为被检样品进行卫生学评价时提供依据。

3. 设备和材料

见第五章相关内容。

4. 水样的采集

（1）自来水　先将水龙头用清洁布拭干，并用镊子夹消毒棉花沾酒精灼烧水龙头 3min 灭菌，再打开水龙头使水流 5min 后，以灭菌的三角瓶或生理盐水瓶接取水样，以待检测。

（2）池水、河水或湖水　应取距水面 10~15cm 的深层水，先将灭菌的带塞的玻璃瓶瓶口向下浸入水中，然后翻转过来，除去瓶塞，水即流入瓶中，盛满后，将瓶塞塞好，再从水中取出，最好立即检验，否则需放入冰箱保藏。

5. 检验程序

按照菌落总数的检验程序（参见第五章图 5-1）。

6. 操作步骤

（1）样品的稀释

①生活用水（自来水）：以无菌操作方法用灭菌吸管吸取 1mL 充分混匀的水样，注入灭菌平皿中，倾注约 15mL 已融化并冷却到 45℃左右的营养琼脂培养基，并立即旋摇平皿，使水样

与培养基充分混匀。每次检验时应做一平行接种，同时另用一个平皿只倾注营养琼脂培养基作为空白对照。

待冷却凝固后，翻转平皿，使底面向上，置于（36±1）℃培养箱内培养48h，进行菌落计数，即为水样1mL中的菌落总数。

②池水、河水或湖水等：用无菌吸管吸取检测水样1mL，沿管壁缓慢的注于第1支9mL生理盐水稀释液试管中（注意吸管或吸头尖端不要触及稀释液面），振摇试管或换用1支无菌吸管反复吹打使其混合均匀，制成1∶10的样品匀液，再从第1支稀释试管中吸取1mL于第2支生理盐水的试管中，振摇试管或换用1支无菌吸管反复吹打使其混合均匀，制成1∶100的样品匀液，如此类推，做成一系列的稀释度。一般稀释度可选择为10^{-1}、10^{-2}、10^{-3}、10^{-4}，若水样混浊或污染严重的可再进一步稀释至适宜稀释度。

③按上述操作程序，制备10^{-1}倍系列稀释样品匀液。每递增稀释1次，换用1支1mL无菌吸管或吸头。

④根据对样品污染状况的估计，选择2~3个适宜稀释度的样品匀液（液体样品可包括原液），在进行10^{-1}倍递增稀释时，吸取1mL样品匀液于无菌平皿内，每个稀释度做两个平皿。同时，分别吸取1mL空白稀释液加入两个无菌平皿内作空白对照。

⑤及时将15~20mL冷却至46℃的平板计数琼脂培养基［可放置于（46±1）℃恒温水浴箱中保温］倾注平皿，并转动平皿使其混合均匀。

（2）培养

①待琼脂凝固后，将平板翻转，置于（36±1）℃培养（48±2）h。

②如果样品中可能含有在琼脂培养基表面弥漫生长的菌落时，可在凝固后的琼脂表面覆盖一薄层琼脂培养基（约4mL），凝固后翻转平板，按①条件进行培养。

（3）菌落计数（见第五章）　根据 GB/T 5750.12—2006《生活饮用水标准检验方法　微生物指标》中关于菌落计数及报告方法的相关内容进行操作（仍采用旧方法）。

平皿菌落计数时，可用眼睛直接观察，必要时用放大镜检查，以防遗漏。在记下各平皿的菌落数后，应求出同稀释度的平均菌落数，供下一步计算时应用。在求同稀释度的平均数时，若其中一个平皿有较大片状菌落生长时，则不宜采用，而应以无片状菌落生长的平皿作为该稀释度的平均菌落数。若片状菌落不到平皿的一半，而其余一半中菌落数分布又很均匀，则可将此半皿计数后乘2以代表全皿菌落数，然后再求该稀释度的平均菌落数。

7. 报告

不同稀释度的选择及报告方法具体见第五章，其中报告方式如表7-1所示。

表7-1　　　　　　　　　　　稀释度选择及菌落总数报告方式

实例	不同稀释度的平均菌落数			两个稀释度菌落数之比	菌落总数/（CFU/mL）	报告方式/（CFU/mL）
	10^{-1}	10^{-2}	10^{-3}			
1	1365	164	20	—	16400	16000 或 $1.6×10^4$
2	2760	295	46	1.6	37750	38000 或 $3.8×10^4$
3	2890	271	60	2.2	27100	27000 或 $2.7×10^4$
4	150	30	8	2	1500	1500 或 $1.5×10^3$

续表

实例	不同稀释度的平均菌落数			两个稀释度菌落数之比	菌落总数/（CFU/mL）	报告方式/（CFU/mL）
	10^{-1}	10^{-2}	10^{-3}			
5	多不可计	1650	513	—	513000	510000 或 $5.1×10^5$
6	27	11	5	—	270	270 或 $2.7×10^2$
7	多不可计	305	12	—	30500	31000 或 $3.1×10^4$

二、大肠菌群检验

1. 目的

（1）了解大肠菌群水质卫生检验中的意义。

（2）学习并掌握大肠菌群的检验方法。

2. 原理

总大肠菌群系指一群在 37℃ 培养 24h 能发酵乳糖、产酸产气、需氧和兼性厌氧的革兰阴性无芽孢杆菌。该菌群主要来源于人畜粪便，具有指标菌的一般特征，故以此作为粪便污染指标评价饮水的卫生质量（表 7-2）。水中总大肠菌群数系以 100mL 水样中总大肠菌群最可能数（MPN）表示。最可能数（Most Probable Number，MPN）是基于泊松分布的一种间接计数方法。计算方法参见颜学军等《水与食品中大肠菌群最大可能数（MPN）的数学基础及计算 MPN 程序》。

表 7-2　　　　瓶装水、饮用水、水源水和游泳池水卫生标准

水源		大肠菌群	
		（个/L）	CFU/mL
	瓶装水（矿泉水、纯净水）	<2	<20
	饮用（自来）水	<3	<50
水源水	准备加氯消毒后供饮用的水	≤1000	
	准备净化处理及加氯消毒后供饮用的水	≤10000	
	游泳池水	<100	<1000

根据 GB/T 5750.12—2006《生活饮用水标准检验方法　微生物指标》，用多管发酵法测定生活饮用水及其水源水中的总大肠菌群。本方法适用于生活饮用水及其水源水中总大肠菌群的测定。

3. 培养基与试剂

见第八章相关内容。

4. 仪器

见第五章相关内容。

5. 检验步骤

（1）乳糖发酵试验

①取 10mL 水样接种到 10mL 双料乳糖蛋白胨培养液中，取 1mL 水样接种到 10mL 单料乳糖蛋白胨培养液中，另取 1mL 水样注入 9mL 灭菌生理盐水中，混匀后吸取 1mL（即 0.1mL 水样）注入 10mL 单料乳糖蛋白胨培养液中，每一稀释度接种 5 管。对已处理过的出厂自来水，需经常检验或每天检验一次的，可直接接种 5 份 10mL 水样双料培养基，每份接种 10mL 水样。

②检验水源水时，如污染较严重，应加大稀释度，可接种 1mL、0.1mL、0.01mL 甚至 0.1mL、0.01mL、0.001mL，每个稀释度接种 5 管，每个水样共接种 15 管。接种 1mL 以下水样时，必须作 10 倍递增稀释。取 1mL 接种，每递增稀释一次，换用 1 支 1mL 灭菌刻度吸管。

③将接种管置于（36±1）℃培养箱内，培养（24±2）h，若所有乳糖蛋白胨培养管都不产气产酸，则可报告为总大肠菌群阴性，如有产酸产气者，则按下列步骤进行。

（2）分离培养　将产酸产气的发酵管分别转种在伊红美蓝琼脂平板上，于（36±1）℃培养箱内培养 18~24h，观察菌落形态，挑取符合下列特征的菌落：

深紫黑色、具有金属光泽的菌落，紫黑色、不带或略带金属光泽的菌落，淡紫红色、中心较深的菌落，做革兰染色、镜检和验证试验。

（3）验证试验　经上述染色镜检为革兰阴性无芽孢杆菌，同时接种乳糖蛋白胨培养液，置（36±1）℃培养箱中培养（24±2）h，有产酸产气者，即证实有总大肠菌群存在。

6. 结果报告

根据证实为总大肠菌群阳性的管数，查 MPN 检索表（表 7-3，表 7-4），报告每 100mL 水样中的总大肠菌群 MPN 值。稀释样品查表后所得结果应乘稀释倍数。如所有乳糖发酵管均阴性时，可报告未检出总大肠菌群。

表 7-3　　　　　　　　用 5 份 10mL 水样时，各种阳性和阴性结果组合时的 MPN

5 个 10mL 管中阳性管数	MPN
0	<2.2
1	2.2
2	5.1
3	9.2
4	16.0
5	>16

表 7-4　　　　　　　　　大肠菌群（MPN）检索表

（总接种量 55.5mL，其中 5 份 10mL 水样，5 份 1mL 水样，5 份 0.1mL 水样）

接种量/mL			MPN/100mL	接种量/mL			MPN/100mL
10	1	0.1		10	1	0.1	
0	0	0	< 2	1	0	0	2
0	0	1	2	1	0	1	4
0	0	2	4	1	0	2	6
0	0	3	5	1	0	3	8
0	0	4	7	1	0	4	10

续表

接种量/mL			MPN/100mL	接种量/mL			MPN/100mL
10	1	0.1		10	1	0.1	
0	0	5	9	1	0	5	12
0	1	0	2	1	1	0	4
0	1	1	4	1	1	1	6
0	1	2	6	1	1	2	8
0	1	3	7	1	1	3	10
0	1	4	9	1	1	4	12
0	1	5	11	1	1	5	14
0	2	0	4	1	2	0	6
0	2	1	6	1	2	1	8
0	2	2	7	1	2	2	10
0	2	3	9	1	2	3	12
0	2	4	11	1	2	4	15
0	2	5	13	1	2	5	17
0	3	0	6	1	3	0	8
0	3	1	7	1	3	1	10
0	3	2	9	1	3	2	12
0	3	3	11	1	3	3	15
0	3	4	13	1	3	4	17
0	3	5	15	1	3	5	19
0	4	0	8	1	4	0	11
0	4	1	9	1	4	1	13
0	4	2	11	1	4	2	15
0	4	3	13	1	4	3	17
0	4	4	15	1	4	4	19
0	4	5	17	1	4	5	22
0	5	0	9	1	5	0	13
0	5	1	11	1	5	1	15
0	5	2	13	1	5	2	17
0	5	3	15	1	5	3	19
0	5	4	17	1	5	4	22
0	5	5	19	1	5	5	24
2	0	0	5	3	0	0	8
2	0	1	7	3	0	1	11

续表

接种量/mL			MPN/100mL	接种量/mL			MPN/100mL
10	1	0.1		10	1	0.1	
2	0	2	9	3	0	2	13
2	0	3	12	3	0	3	16
2	0	4	14	3	0	4	20
2	0	5	16	3	0	5	23
2	1	0	7	3	1	0	11
2	1	1	9	3	1	1	14
2	1	2	12	3	1	2	17
2	1	3	14	3	1	3	20
2	1	4	17	3	1	4	23
2	1	5	19	3	1	5	27
2	2	0	9	3	2	0	14
2	2	1	12	3	2	1	17
2	2	2	14	3	2	2	20
2	2	3	17	3	2	3	24
2	2	4	19	3	2	4	27
2	2	5	22	3	2	5	31
2	3	0	12	3	3	0	17
2	3	1	14	3	3	1	21
2	3	2	17	3	3	2	24
2	3	3	20	3	3	3	28
2	3	4	22	3	3	4	32
2	3	5	25	3	3	5	36
2	4	0	15	3	4	0	21
2	4	1	17	3	4	1	24
2	4	2	20	3	4	2	28
2	4	3	23	3	4	3	32
2	4	4	25	3	4	4	36
2	4	5	28	3	4	5	40
2	5	0	17	3	5	0	25
2	5	1	20	3	5	1	29
2	5	2	23	3	5	2	32
2	5	3	26	3	5	3	37
2	5	4	29	3	5	4	41

续表

接种量/mL			MPN/100mL	接种量/mL			MPN/100mL
10	1	0.1		10	1	0.1	
2	5	5	32	3	5	5	45
4	0	0	13	5	0	0	23
4	0	1	17	5	0	1	31
4	0	2	21	5	0	2	43
4	0	3	25	5	0	3	58
4	0	4	30	5	0	4	76
4	0	5	36	5	0	5	95
4	1	0	17	5	1	0	33
4	1	1	21	5	1	1	46
4	1	2	26	5	1	2	63
4	1	3	31	5	1	3	84
4	1	4	36	5	1	4	110
4	1	5	42	5	1	5	130
4	2	0	22	5	2	0	49
4	2	1	26	5	2	1	70
4	2	2	32	5	2	2	94
4	2	3	38	5	2	3	120
4	2	4	44	5	2	4	150
4	2	5	50	5	2	5	180
4	3	0	27	5	3	0	79
4	3	1	33	5	3	1	110
4	3	2	39	5	3	2	140
4	3	3	45	5	3	3	180
4	3	4	52	5	3	4	210
4	3	5	59	5	3	5	250
4	4	0	34	5	4	0	130
4	4	1	40	5	4	1	170
4	4	2	47	5	4	2	220
4	4	3	54	5	4	3	280
4	4	4	62	5	4	4	350
4	4	5	69	5	4	5	430
4	5	0	41	5	5	0	240
4	5	1	48	5	5	1	350

续表

接种量/mL			MPN/100mL	接种量/mL			MPN/100mL
10	1	0.1		10	1	0.1	
4	5	2	56	5	5	2	540
4	5	3	64	5	5	3	920
4	5	4	72	5	5	4	1600
4	5	5	81	5	5	5	>1600

第二节　霉菌和酵母菌计数实验指导

通常霉菌和酵母菌适合在高碳低氮有机物如植物性物质上生存。适合的 pH 为 3~8，有些霉菌可以在 pH 2 时生活，酵母菌在 pH 1.5 时生活。水分活度要求 0.99~0.61，霉菌 0.85 时最适宜，某些嗜渗酵母和霉菌常引起糖果类食品的变质。一般霉菌的生长温度为 20~30℃，部分霉菌可以在不低于-7℃的温度下生长。酵母菌一般在 0~45℃时生长。耐热能力较差，酵母细胞在 55~56℃下几分钟就被杀死。少数霉菌的孢子（如丝衣霉）则可在 90℃中耐受几分钟。霉菌和酵母菌很多可以耐受防腐剂。如乳酸、醋酸、CO_2 和 SO_2 等。

本实验要注意以下三点：一是充分打散稀释液使霉菌孢子充分散开；二是及时观察，同时第三日不生长时要继续培养到 5d；三是实验过程中防止霉菌孢子污染实验室。尽量保持实验室安静，减少空气流动。实验时手脚要快，动作宜轻，培养过程中观察平板时，动作稍重，生长快速的霉菌孢子就会在培养基内扩散，导致二次污染，结果读数异常。特别是翻转平板进行培养，观察时再回转，特别容易导致孢子飞散。

1. 目的

（1）了解霉菌和酵母菌在食品检验中的意义。

（2）掌握食品中霉菌和酵母菌的计数方法。

2. 设备和材料

见第五章相关内容。

3. 培养基和试剂

见第五章相关内容。

4. 检验程序

见第五章相关内容。

第三节　沙门菌的检验实验指导

致病菌的检验过程一般包括前增菌、增菌、选择性平板分离、生化鉴定、血清学鉴定等基本过程。有时可能有动物试验鉴定。前增菌就是使用非选择性的液体培养基，使样品中的受伤目的菌得到修复和增菌。增菌就是要选择性地刺激目的菌在液体选择性培养基中得到数量的快速增殖，同时抑制主要竞争菌。选择性平板分离则是利用选择性固体平板抑制杂菌并通过指示性的特征分离出目的菌。在选择性平板上挑出几个可疑菌落，可能还需要经过进一步分离纯化后，进行生化试验和血清试验，对可疑菌落进行鉴定。

沙门菌一般存在于肉、蛋、乳等高蛋白食品中。

在本实验中，以缓冲蛋白胨水为前增菌液培养 8~18h，不同食品使用的前增菌时间不同。生食需要时间短，而熟食则可能需要更长的时间进行前增菌。

之后，以 SC 和 TTB 为增菌液选择性培养沙门菌，抑制肠球菌、产芽孢菌等革兰阳性菌，同时抑制大肠杆菌和变形杆菌。由于部分沙门菌在有的增菌液中生长不良，可使用两种增菌液。但要注意，有的沙门菌如伤寒沙门菌、甲型副伤寒沙门菌即使在正常营养条件下也是生长不良的。

选择性平板分离时，有的培养基选择性较高，如 BS；有的选择性差，如 XLD。显色培养基的选择性最好，因此推荐最好使用显色培养基。显色培养基一般检查辛酸酯酶。具有这种酶的革兰阴性菌不多。除所有沙门菌外有个别大肠杆菌、沙雷菌、绿脓杆菌等假单胞菌、气单胞菌、邻单胞菌具有此酶。绿脓杆菌等假单胞菌、气单胞菌、邻单胞菌等为氧化型，因此在三糖铁上表现为底层不产酸而被排除。

沙门菌的生化反应主要有 5 个：赖氨酸脱羧酶、尿素分解、硫化氢、吲哚、氰化钾生长试验。正常沙门菌赖氨酸脱羧酶阳性、尿素分解阳性、产硫化氢、吲哚阴性、氰化钾生长试验阴性。如果这 5 项都符合时判定为沙门菌。如果有一项不符合时要进行进一步的试验。其中赖氨酸脱羧酶阴性时判为甲型副伤寒沙门菌，需要进一步用血清鉴定。如果两项不符合时判为非沙门菌，但有一例外，那就是硫化氢阴性的甲型副伤寒沙门菌。甲型副伤寒沙门菌赖氨酸脱羧酶本来就是阴性的，其在选择性平板上菌落一般较小。

以下就可以进行血清学试验了。先做 O 多价血清凝集试验。凝集时再用 O 单价血清试验。注意做对照，排除自凝菌株。自凝时不能进行血清鉴定。确定 O 因子后根据抗原表格进行 H 因子的确认。如果位相变异存在，而未检测到时需要诱导。有时不需要诱导，两相同时得到检出。确认 H 因子后就根据沙门菌抗原表确定被检出菌的名字了。值得注意的是在沙门菌属中有几个血清型的抗原式是相同的，但分类为不同的血清型，因为这些型之间具有明显的生化差异。如 O∶7 群中有（6，7∶c∶1，5）抗原式，为猪霍乱沙门菌、丙型副伤寒沙门菌、猪伤寒沙门菌共有。O∶9 群中有（9，12∶a∶1，5）抗原式，为仙台沙门菌、迈阿密沙门菌共有。此时要根据检索表进行进一步的生化试验加以区别。

根据食品安全国家标准 GB 4789.4—2016《食品安全国家标准　食品微生物学检验　沙门菌检验》实施。

1. 目的

（1）了解沙门菌生化反应及其原理。

（2）掌握沙门菌血清学鉴定。

（3）掌握沙门菌的系统检验方法。

2. 设备和材料

见第五章相关内容。

3. 培养基和试剂

见第五章相关内容。

4. 检验程序

见第五章相关内容。

5. 操作步骤

称取 25g（mL）样品放入盛有 225mL BPW 的无菌均质杯中，添加肠炎沙门菌 TSB 培养液一环。以 8000～10000r/min 均质 1～2min，或置于盛有 225mL BPW 的无菌均质袋中，用拍击式均质器拍打 1～2min。若样品为液态，不需要均质，振荡混匀。如需测定 pH，用 1mol/mL 无菌 NaOH 或 HCl 调 pH 至 6.8±0.2。无菌操作将样品转至 500mL 锥形瓶中，如使用均质袋，可直接进行培养，于（36±1）℃培养 8～18h。

如为冷冻产品，应在 45℃以下不超过 15min，或 2～5℃不超过 18h 解冻。具体参见第五章。

第四节　金黄色葡萄球菌的检验实验指导

相对于沙门菌的检验，金黄色葡萄球菌的检验相对容易。增菌液使用高浓度的氯化钠，使大多数革兰阴性菌无法生长。而选择性 Baird-Parker 平板由于使用了卵黄和亚碲酸钾，使金黄色葡萄球菌的指示特征明显（表 7-5）。易于挑选可疑菌落进行溶血试验和血浆凝固酶试验。在葡萄球菌检验中只要血浆凝固酶试验阳性，就判定为致病性葡萄球菌。

只要符合以下几个特征，就可以判定为金黄色葡萄球菌：革兰阳性葡萄球菌；Baird-Parker 平板上为灰黑色到黑色正圆形菌落，有或无浑浊带和透明圈；血平板上透明溶血，菌落金黄色；血浆凝固酶阳性。

检验中容易出现的问题是 Baird-Parker 平板和血平板上的菌落不纯，掺有其他葡萄球菌，此时在血平板上表现为黄色菌落，而不是金黄色。此时需要分纯。

表 7-5　　　　　　　　　　检验中一些容易混淆的葡萄球菌

	血浆凝固酶	耐热核酸酶	黄色素	溶血性	甘露醇发酵
金黄色葡萄球菌	+	+	+	+	+
产色葡萄球菌	-	-	+	-	+/-
猪葡萄球菌	+	+	-	-	-
中间葡萄球菌	+	+	-	+	+/-
表皮葡萄球菌	-	+/-	-	+/-	-
腐生葡萄球菌	-	-	+/-	-	+/-
凝聚亚种	+	+	-	+	+/-
施氏亚种	-	+	-	+	-

注：+表示阳性；-表示阴性；+/-表示多数阳性。

1. 目的

(1) 了解金黄色葡萄球菌的检验原理。

(2) 掌握金黄色葡萄球菌定性检验方法。

2. 设备和材料

见第五章相关内容。

3. 培养基和试剂

见第五章相关内容。

4. 检验程序

见第五章相关内容。

5. 操作步骤

样品的处理：称取 25g 样品至盛有 225mL 7.5%氯化钠肉汤或 10%氯化钠胰酪胨大豆肉汤的无菌均质杯内，并加一环金黄色葡萄球菌 TSB 培养液，8000~10000r/min 均质 1~2min，或放入盛有 225mL 7.5%氯化钠肉汤或 10%氯化钠胰酪胨大豆肉汤的无菌均质袋中，用拍击式均质器拍打 1~2min。若样品为液态，吸取 25mL 样品至盛有 225mL 7.5%氯化钠肉汤或 10%氯化钠胰酪胨大豆肉汤的无菌锥形瓶（瓶内可预置适当数量的无菌玻璃珠）中，并加一环金黄色葡萄球菌 TSB 培养液，振荡混匀。

其余具体参见第五章相关内容。

第五节 PCR 检测实验指导

1. 目的

(1) 了解 PCR 反应的基本原理和引物设计的一般要求。

(2) 掌握通过 PCR 反应获取目的基因的实验技术。

(3) 熟悉 PCR 反应体系的加样顺序和 PCR 仪的正确使用方法。

(4) 掌握 PCR 法检测食品中大肠杆菌的原理和方法。

2. 实验原理

聚合酶链式反应（Polymerase Chain Reaction）简称 PCR 技术，是在模板 DNA、引物和 4 种脱氧核糖核苷酸存在的条件下，依赖于 DNA 聚合酶的酶促反应。分三步：①变性，通过加热使 DNA 双螺旋的氢键断裂，双链解离形成单链 DNA；②退火，当温度降低时由于模板分子结构较引物要复杂得多，而且反应体系中引物 DNA 量大大多于模板 DNA，使引物和其互补的模板在局部形成杂交链，而模板 DNA 双链之间互补的机会较少；③延伸，在 DNA 聚合酶和 4 种脱氧核糖核苷三磷酸底物及 Mg^{2+} 存在的条件下，$5'→3'$的聚合酶催化以引物为起始点 DNA 链延伸反应。以上三个步骤为一个循环，每一循环产物可作为下一个循环的模板，几十个循环后，介于两个引物之间的特异性 DNA 片段得到大量复制，可达 $2×10^{6~7}$ 拷贝。

引物的设计在 PCR 反应中极为重要，应遵循以下几条原则：

①碱基组成，G+C 含量应在 40%~60%，4 种碱基要在引物中分配均匀，如没有多聚嘌呤或多聚嘧啶的序列，并且没有二核苷酸重复序列。

②长度，18~25 个核苷酸，上下游引物的长度差别不能大于 3bp。

③不能有大于 3bp 的反向重复序列或自身互补序列的存在，这种序列可能形成发夹结构，如果是这种结构在 PCR 条件下稳定，它会非常有效地组织寡聚核苷酸和靶 DNA 之间的复性。

④一个引物的 3′末端都不能和其他任何引物互补，否则会形成引物二聚体。精心设计引物，应用热启动 PCR 或降落 PCR 或特制的 DNA 聚合酶都可以避免二聚体形成。

⑤解链温度（Tm）：计算出两个引物的 Tm 值相差不能大于 5℃，扩增产物的 Tm 值与引物的 Tm 值相差不能大于 10℃，这些特性保证了扩增产物在每个 PCR 循环可有效地变性。

⑥3′末端，每个引物的 3′末端碱基应尽可能为 G 或 C，但又不推荐使用 3′末端有 "……NNCG" 或 "……NNGC" 序列的引物，因为末端 GC 碱基高的自由能可以冲末发夹结构的形成，还可能产生二聚体。

⑦向引物 5′末端添加限制性酶切位点，噬菌体启动子等序列，因为位于 DNA 分子 5′末端的限制性酶切位点的切割效率比较低，所以，引物应当超出限制性内切酶识别位点 2~3 个核苷酸，即至少包含有 2~3 个保护碱基。

⑧从 cDNA 或基因文库中 PCR 扩增目的基因时，应注意引导位点的设置和简并 PCR 引物的设计。

3. 仪器与试剂

（1）主要仪器　微量移液器、PCR 仪、离心机、微波炉、电泳槽、电泳仪、紫外灯箱等。

（2）主要试剂　模板 DNA、Taq 酶及其他 PCR 反应体系的成分、DNA 标准 Marker、进口琼脂糖、TE、上样缓冲液、无水乙醇等。

（3）大肠杆菌标准菌株。

（4）引物设计　以大肠杆菌丙氨酸消旋酶基因 alr 设计引物，引物序列如表 7-6 所示。

表 7-6　　　　　　　　　　　实验所采用的 PCR 扩增引物序列

引物	核酸序列 5′→3′	引物在 alr 基因的位置	片段大小/bp
alr1	CTGGAAGAGGCTAGCCTGGACGAG	322~345	366
alr2	AAAATCGGCACCGGTGGAGCGATC	664~687	

4. 重要实验步骤

（1）LB 培养基中模板 DNA 提取　采用水煮法，取 1mL 菌液 4500r/min 离心 15min，弃上清液，重复水洗一次，沉淀用 50μL 无菌水重悬后水煮 6min，4500r/min 离心 5min，取上清液 5μL 作为 PCR 模板。

（2）取一个 0.2mL 的 eppendorf 管，在其中添加以下各种成分。

模板 DNA（质粒 PUCATPH）　　　　　2.5μL

引物 alr1　　　　　　　　　　　　　0.5μL

引物 alr2　　　　　　　　　　　　　0.5μL

10×Buffer　　　　　　　　　　　　2.5μL

dNTP　　　　　　　　　　　　　　2μL

ddH₂O　　　　　　　　　　　　　16.8μL

Taq 酶（5U/μL）　　　　　　　　　0.2μL

总体积　　　　　　　　　　　　　25μL

（3）稍离心。

（4）将反应管放入 PCR 热循环仪，按下列条件设计程序，进行 PCR 反应。

预变性	94℃	3min	
变性	94℃	30s	
退火	62℃	30s	30个循环
延伸	72℃	1min	
补充延伸	72℃	10min	
保存	12℃	永久	

（5）反应结束后，取 8μL 反应液与 2μL 上样缓冲液混合后用 1.0% 琼脂糖凝胶电泳，以 DNA marker 做标准对照，鉴定 PCR 产物是否存在以及大小。

（6）将 3 个 PCR 反应产物混合在一个管中，然后添加 1/10 体积的 3mol/L 的 pH 5.2 NaAc 和 2.5 倍体积的冰冷无水乙醇，−20℃冰箱中放置 30min 以上。12000rpm/min 离心 5 分钟，将 eppendorf 管倒置于吸水纸上，室温干燥 5min。

（7）30μL TE 溶解沉淀，电泳确认回收 PCR 产物。

5. 实验注意事项

在实验步骤（1）中，每组做三个重复反应，先在一个 0.5mL 的 eppendorf 管中配制 4 个反应的混合液（不加模板），然后分装到已加入了模板的 0.2μL 的 eppendorf 管中。整个操作过程最好在冰上进行，尤其 Taq 酶一定要在冰上操作。

第六节　酶联免疫法检测食品中的沙门菌实验指导

1. 实验目的

酶联免疫吸附测定（Enzyme-linked Immunosorbent Assay，简称 ELISA）是在免疫酶技术的基础上发展起来的一种新型的免疫测定技术，ELISA 过程包括抗原（抗体）吸附在固相载体上称为包被，加待测抗体（抗原），再加相应酶标记抗体（抗原），生成抗原（抗体）-待测抗体（抗原）-酶标记抗体的复合物，再与该酶的底物反应生成有色产物。借助分光光度计的光吸收计算抗体（抗原）的量。待测抗体（抗原）的定量与有色产物成正比。

用 ELISA 法来筛选沙门菌，采用的抗体既可以是单克隆抗体（McAb），也可以是多克隆抗体。其基本步骤是首先包被抗沙门菌的单克隆抗体（多克隆抗体），然后在微孔板内加入经过前增菌和选择性增菌的待检样品，样品中如有沙门菌存在，则与微孔板内的特异性抗体结合形成复合物。洗涤掉多余的反应物，加入酶标二抗，则形成抗原抗体酶标二抗复合物。加入底物，测定吸光度，当吸光度值大于或等于临界值时，即可推断为阳性。

2. 仪器和材料

（1）聚苯乙烯微量细胞培养板（平板，40，96 孔）。

（2）酶联免疫检测仪。

（3）辣根过氧化物酶羊抗兔 IgG，工作稀释度 1∶1000。

（4）包被液　0.05mol/L pH 9.6 碳酸缓冲液，4℃保存，Na_2CO_3 0.15g，$NaHCO_3$ 0.293g，蒸馏水稀释至 100mL。

（5）稀释液　0.01mol/L pH 7.4，PBS-Tween-20，4℃保存。NaCl 8g，KH_2PO_4 0.2g，$Na_2HPO_4 \cdot 12H_2O$ 2.9g，Tween-20，0.5mL，蒸馏水加至 1000mL。

（6）洗涤液　同稀释液。

（7）封闭液　0.5%鸡卵清蛋白，pH 7.4 PBS。

（8）邻苯二胺溶液（底物）　临用前配制 0.1mol/L 柠檬酸（2.1g/100mL），6.1mL，0.2mol/L $Na_2HPO_4 \cdot 12H_2O$（7.163g/100mL）6.4mL，蒸馏水 12.5mL，邻苯二胺 10mg，溶解后，临用前加 40μL 30%H_2O_2。

（9）终止液　2mol/L H_2SO_4。

（10）肠炎沙门菌标准菌株或其他沙门菌菌株。

3．操作步骤

（1）包被抗体　用包被液将抗沙门菌的单克隆抗体（多克隆抗体）作适当稀释，一般为 1～10μg/孔，每孔加 200μL，37℃温育 1h 后，4℃冰箱放置 16～18h。

（2）洗涤　倒尽板孔中液体，加满洗涤液，静放 3min，反复 3 次，最后将反应板倒置在吸水纸上，使孔中洗涤液流尽。

（3）加封闭液 200μL，37℃放置 1h。

（4）洗涤同（2）。

（5）加被待检样品　用稀释液将待检样品作几种稀释，每孔 200μL。同时作稀释液对照。37℃放置 2h。

（6）洗涤同（2）。

（7）加辣根过氧化物酶羊抗兔 IgG，每孔 200μL，放置 37℃ 1h。

（8）洗涤同（2）。

（9）加底物　邻苯二胺溶液加 200mL，室温暗处 10～15min。

（10）加终止液　每孔 50μL。

（11）观察结果　用酶联免疫检测仪记录 490nm 读数。［（待测样本 OD 值-阴性对照 OD 值）/阴性对照 OD 值］>1 为阳性，目测无色或明显淡于阴性对照为阴性。

思考题

1. 在检验水质中菌落总数时，最困难的检验到很小的且形状极特异的菌落。如何判断是细菌菌落而不是培养基中的杂质？

2. 大肠菌群检验中为何要进行复发酵？

3. 霉菌计数检验时为何要反复吹吸稀释液？

4. 如何提高沙门菌的检出率？

5. 沙门菌在三糖铁培养基上的反应结果如何？

6. 沙门菌检验有哪 5 个基本生化试验？

7. 致病性葡萄球菌的特点是什么？

8. 金黄色葡萄球菌判定的几个关键依据是什么？

9. 在设计 PCR 引物时，为什么在目的基因的上游、下游分别加上限制性内切酶的识别序列？

10. 在配制 PCR 反应混合液时为什么要把各个反应管相同的成分加起来混合配制再分装？为什么要多配一管的用量？

11. 除了 PCR 扩增获取目的基因外，还有什么方法可以获得目的基因？列出其中几种的原理。

参 考 文 献

[1] 牛天贵. 食品微生物学实验技术 [M]. 2 版. 北京：中国农业大学出版社，2011.

[2] 刘用成. 食品检验技术（微生物部分）[M]. 北京：中国轻工业出版社，2006.

CHAPTER

8

第八章

食品微生物检验常用培养基及试剂

一、染色液配制及染色法（革兰染色法）

（1）结晶紫染色液　结晶紫，95%乙醇，1%草酸铵水溶液。将结晶紫溶于乙醇后与草酸铵溶液混合。

（2）革兰碘液　碘，碘化钾，蒸馏水。将碘与碘化钾先进行混合，加入蒸馏水少许，充分振摇，完全溶解后，再加蒸馏水至300mL。碘化钾用于促进碘的溶解。

（3）沙黄复染液　沙黄，95%乙醇，蒸馏水，先用乙醇溶解后加水。

（4）染色法　将涂片在火焰上固定，滴加结晶紫染色液，染1min，水洗。滴加革兰碘液，作用1min，水洗。滴加95%乙醇脱色，约30s；或将乙醇滴满整个涂片，立即倾去，再用乙醇滴满整个涂片，脱色10s，水洗。滴加复染液，染1min，水洗。

（5）结果判定　紫色为革兰阳性菌，红色为革兰阴性菌。

二、生化试验培养基和试剂

1. Hugh-Leifson 培养基（O/F试验用）

（1）成分　蛋白胨2g，氯化钠5g，磷酸氢二钾0.3g，琼脂4g，葡萄糖10g，0.2%溴麝香草酚蓝溶液12mL，蒸馏水1000mL，pH 7.2。

（2）制法　将蛋白胨和盐类加水溶解后，校正pH至7.2。加入葡萄糖、琼脂煮沸，溶化琼脂，然后加入指示剂。混匀后，分装试管，121℃高压灭菌15min，直立凝固用。

（3）试验方法　从斜面上挑取小量培养物作穿刺接种，同时接种两支培养基，其中一支于接种后滴加融化的1%琼脂液于表面，高度约1cm，于（36±1）℃培养。

（4）结果　见表8-1。

表8-1　　　　　　　　　　　　Hugh-Leifson 试验结果

反应类型	封口的培养基	开口的培养基
发酵型（F）	产酸	产酸
氧化型（O）	不变	产酸
产碱型（A）	不变	不变

2. 糖发酵管

（1）成分 牛肉膏 5g，蛋白胨 10g，氯化钠 3g，磷酸氢二钠（Na$_2$HPO$_4$ · 12H$_2$O）2g，0.2%溴麝香草酚蓝溶液 12mL，蒸馏水 1000mL，pH 7.4。

（2）制法

①葡萄糖发酵管按上述成分配好后，按 0.5%加入葡萄糖，分装于有一个倒置小管的小试管内，121℃高压灭菌 15min。

②其他各种糖发酵管可按上述成分配好后，分装每瓶 100mL，121℃高压灭菌 15min。另将各种糖类分别配好 10%溶液，同时高压灭菌。将 5mL 糖溶液加入于 100mL 培养基内，以无菌操作分装小试管。

注：蔗糖不纯，加热后会自行水解者，应采用过滤法除菌。

（3）试验方法 从琼脂斜面上挑取小量培养物接种，于（36±1）℃培养，一般观察 2~3d。迟缓反应需观察 14~30d。

3. ONPG 培养基

（1）成分 邻硝基酚 β-D-半乳糖苷（ONPG）（O-Nitrophenyl-β-D-galactopyranoside）60mg，0.01mol/L 磷酸钠酸缓冲液（pH 7.5）10mL，1%蛋白胨水（pH 7.5）30mL。

（2）制法 将 ONPG 溶于缓冲液内，加入蛋白胨水，以过滤法除菌，分装于 10mm×75mm 试管，每管 0.5mL，用橡皮塞塞紧。

（3）试验方法 自琼脂斜面上挑取培养物一满环接种于（36±1）℃培养 1~3h 和 24h 观察结果。如果 β-半乳糖苷酶产生，则于 1~3h 变黄色，如无此酶，则 24h 不变色。

4. 缓冲葡萄糖蛋白胨水（MR 和 VP 试验用）

（1）成分 磷酸氢二钾 5g，多胨 7g，葡萄糖 5g，蒸馏水 1000mL，pH 7.0。

（2）制法 溶化后校正 pH，分装试管，每管 1mL，121℃高压灭菌 15min。

（3）甲基红（MR）试验 自琼脂斜面挑取少量培养物接种本培养基中，于（36±1）℃培养 2~4d，哈夫尼亚菌则应在 22~25℃培养。滴加甲基红试剂一滴，立即观察结果。鲜红色为阳性，黄色为阴性。

甲基红试剂配法：10mg 甲基红溶于 30mL 95%乙醇中，然后加入 20mL 蒸馏水。

（4）VP 试验 用琼脂培养物接种本培养基中，于（36±1）℃培养 2~4d，哈夫尼亚菌则应在 22~25℃培养。加入 6% α-萘酚-乙醇溶液 0.5mL 和 40%氢氧化钾溶液 0.2mL，充分振摇试管，观察结果。阳性反应立刻或于数分钟内出现红色，如为阴性，应放在（36±1）℃培养 4h 再进行观察。

5. 西蒙氏柠檬酸盐培养基

（1）成分 氯化钠 5g，硫酸镁（MgSO$_4$ · 7H$_2$O）0.2g，磷酸二氢铵 1g，磷酸氢二钾 1g，柠檬酸钠 5g，琼脂 20g，0.2%溴麝香草酚蓝溶液 40mL，蒸馏水 1000mL，pH 6.8。

（2）制法 先将盐类溶解于水内，校正 pH，再加琼脂，加热溶化。然后加入指示剂，混合均匀后分装试管，121℃高压灭菌 15min，放成斜面。

（3）试验方法 挑取少量琼脂培养物接种，于（36±1）℃培养 4d，每天观察结果。阳性者斜面上有菌落生长，培养基从绿色转为蓝色。

6. 克氏柠檬酸盐培养基

（1）成分 柠檬酸钠 3g，葡萄糖 0.2g，酵母浸膏 0.5g，单盐酸半胱氨酸 0.1g 磷酸二氢钾

1g，氯化钠 5g，0.2%酚红溶液 6mL，琼脂 15g，蒸馏水 1000mL。

（2）制法　加热溶解，分装试管，121℃高压灭菌 15min，放成斜面。

（3）试验方法　用琼脂培养物接种整个斜面，在（36±1）℃培养 7d，每天观察结果。阳性者培养基变为红色。

7. 丙二酸钠培养基

（1）成分　酵母浸膏 1g，硫酸铵 2g，磷酸氢二钾 0.6g，磷酸二氢钾 0.4g，氯化钠 2g，丙二酸钠 3g，0.2%溴麝香草酚蓝溶液 12mL，蒸馏水 1000mL，pH 6.8。

（2）制法　先将酵母浸膏和盐类溶解于水，校正 pH 后再加入指示剂，分装试管。121℃高压灭菌 15min。

（3）试验方法　用新鲜的琼脂培养物接种，于（36±1）℃培养 48h，观察观察。阳性者由绿色变为蓝色。

8. 葡萄糖胺培养基

（1）成分　氯化钠 5g，硫酸镁（$MgSO_4 \cdot 7H_2O$）0.2g，磷酸二氢铵 1g，磷酸氢二钾 1g，葡萄糖 2g，琼脂 20g，蒸馏水 1000mL，0.2%溴麝香草酚蓝溶液 40mL pH 6.8。

（2）制法　先将盐类和糖溶解于水内，校正 pH，再加琼脂，加热溶化，然后加入指示剂，混合均匀后分装试管，121℃高压灭菌 15min，放成斜面。

（3）试验方法　用接种针轻轻触及培养物的表面，在盐水管内做成极稀的悬液，肉眼观察不见混浊，以每一接种环内含菌数在 20～100 为宜。将接种环灭菌后挑取菌液接种，同时再以同法接种普通斜面一支作为对照。于（36±1）℃培养 24h。阳性者葡萄糖胺斜面上有正常大小的菌落生长；阴性者不生长，但在对照培养基上生长良好。如在葡萄糖胺斜面生长极微小的菌落可视为阴性结果。

注：容器使用前应用清洁液浸泡，再用清水、蒸馏水冲洗干净，并用新棉花做成棉塞，干热灭菌后使用。如果操作不注意，有杂质污染，易造成假阳性结果。

9. 马尿酸钠培养基

（1）成分　马尿酸钠 1g，肉浸液 100mL。

（2）制法　将马尿酸钠溶解于肉浸液内，分装于小试管内，并于管壁画一横线。以标志管内液面高度，高压灭菌 121℃ 20min。

（3）试剂　三氯化铁（$FeCl_3 \cdot 6H_2O$）12g，溶于 2%盐酸溶液 100mL 中即成。

（4）试验方法　用纯培养物接种，于 42℃培养 48h，观察培养液是否到达试管壁上记号处，如不足时，用蒸馏水补足至原量。经离心沉淀，吸取上清液 0.8mL，加入三氯化铁试剂 0.2mL，立即混合均匀，经 10～15min，观察结果。

（5）结果　出现恒久沉淀物为阳性。

10. 营养明胶

（1）成分　蛋白胨 5g，牛肉膏 3g，明胶 120g，蒸馏水 1000mL，pH 6.8～7.0。

（2）制法　加热溶解，校正至 pH 7.4～7.6，分装小管，121℃高压灭菌 10min，取出后迅速冷却，使其凝固。复查最终 pH 应为 6.8～7.0。

（3）试验方法　用琼脂培养物穿刺接种，放在 22～25℃培养，每天观察结果，记录液化时间。或放在（36±1）℃培养，每天取出，放冰箱内 30min 后再观察结果。

11. 苯丙氨酸培养基

（1）成分　酵母浸膏 3g，DL-苯丙氨酸（或 L-苯丙氨酸 1g）2g，磷酸氢二钠 1g，氯化钠 5g，琼脂 12g，蒸馏水 1000mL。

（2）制法　加热溶解后分装试管，121℃高压灭菌 15min，放成斜面。

（3）试验方法　自琼脂斜面上挑取大量培养物，移种于苯丙氨酸琼脂，在（36±1）℃培养 4h 或 18~24h，滴加 10%三氯化铁溶液 2~3 滴，自斜面培养物上流下，苯丙氨酸脱氨酶阳性者呈深绿色。

12. 氨基酸脱羧酶试验培养基

（1）成分　蛋白胨 5g，酵母浸膏 3g，葡萄糖 1g，蒸馏水 1000mL，1.6%溴甲酚紫-乙醇溶液 1mL，L-氨基酸或 DL-氨基酸 0.5 或 1g/100mL，pH 6.8。

（2）制法　除氨基酸以外的成分加热溶解后，分装每瓶 100mL，分别加入各种氨基酸：赖氨酸、精氨酸和鸟氨酸。L-氨基酸按 0.5%加入，DL-氨基酸按 1%加入，再行校正 pH 至 6.8。对照培养基不加氨基酸。分装于灭菌的小试管内，每管 0.5mL，上面滴加一层液体石蜡，115℃高压灭菌 10min。

（3）试验方法　从琼脂斜面上挑取培养物接种，于（36±1）℃培养 18~24h，观察结果。氨基酸脱羧酶阳性者由于产碱，培养基应呈紫色。阴性者无碱性产物，但因葡萄糖产酸而使培养基变为黄色。对照管应为黄色。

13. 蛋白胨水（靛基质试验用）

（1）成分　蛋白胨（或胰蛋白胨）20g，氯化钠 5g，牛肉膏 3g，蒸馏水 1000mL，pH 7.4。

（2）制法　按上述成分配制，分装小试管，121℃高压灭菌 15min。

（3）靛基质试剂

①柯凡克试剂：将 5g 对二甲氨基甲醛溶解于 75mL 戊醇中，然后缓慢加入浓盐酸 25mL。

②欧-波试剂：将 1g 对二甲氨基苯甲醛溶解于 95mL 95%乙醇内，然后缓慢加入浓盐酸 20mL。

（4）试验方法　挑取小量培养物接种，在（36±1）℃培养 1~2d，必要时可培养 4~5d。加入柯凡克试剂约 0.5mL，轻摇试管，阳性者于试剂层呈深红色；或加入欧-波试剂约 0.5mL，沿管壁流下，覆盖于培养液表面，阳性者于液面接触处呈玫瑰红色。

蛋白胨中应含有丰富的色氨酸。每批蛋白胨买来后，应先用已知菌种鉴定后方可使用。

14. 尿素琼脂

（1）成分　蛋白胨 1g，氯化钠 5g，葡萄糖 1g，磷酸二氢钾 2g，0.4%酚红溶液 3mL，琼脂 20g，蒸馏水 1000mL，20%尿素溶液 100mL，pH 7.2±0.1。

（2）制法　将除尿素和琼脂以外的成分配好，并校正 pH，加入琼脂，加热溶化并分装烧瓶。121℃高压灭菌 15min。冷至 50~55℃，加入经除菌过滤的尿素溶液。尿素的最终浓度为 2%，最终 pH 应为 7.2±0.1。分装于灭菌试管内，放成斜面备用。

（3）试验方法　挑取琼脂培养物接种，在（36±1）℃培养 24d，观察结果。尿素酶阳性者由于产碱而使培养基变为红色。

15. 氰化钾（KCN）培养基

（1）成分　蛋白胨 10g，氯化钠 5g，磷酸二氢钾 0.225g，磷酸氢二钠 5.64g，蒸馏水 1000mL，0.5%氰化钾溶液 20mL，pH 7.6。

（2）制法　将除氰化钾以外的成分配好后分装烧瓶，121℃高压灭菌15min。放在冰箱内使其充分冷却。每100mL培养基加入0.5%氰化钾溶液2mL（最后浓度为1∶10000），分装于12mm×100mm灭菌试管，每管约4mL，立刻用灭菌橡皮塞塞紧，放在4℃冰箱内，至少可保存两个月。同时，将不加氰化钾的培养基作为对照培养基，分装试管备用。

（3）试验方法　将琼脂培养物接种于蛋白胨水内成为稀释菌液，挑取1环接种于氰化钾（KCN）培养基。并另挑取1环接种于对照培养基。在（36±1）℃培养1~2d，观察结果。如细菌生长即为阳性（不抑制），经2d细菌不生长为阴性（抑制）。

注：氰化钾是剧毒药物，使用时应小心，切勿沾染，以免中毒，夏天分装培养基应在冰箱内进行。试验失败的主要原因是封口不严，氰化钾逐渐分解，产生氢氰酸气体逸出，以致药物浓度降低，细菌生长，因而造成假阳性反应。

16. 氧化酶试验

（1）试剂

①1%盐酸二甲基对苯二胺溶液：少量新鲜配制，于冰箱内避光保存。

②1%α-萘酚-乙醇溶液。

（2）试验方法　取白色洁净滤纸沾取菌落。加盐酸二甲基对苯二胺溶液一滴，阳性者呈现粉红色，并逐渐加深；再加α-萘酚溶液一滴，阳性者于30s内呈现鲜蓝色。阴性于2min内不变色。或以毛细胞吸管吸取试剂，直接滴加于菌落上，其显色反应与以上相同。

17. 过氧化氢酶试验（触酶试验）

（1）试剂　3%过氧化氢溶液，临用时配制。

（2）试验方法　挑取固体培养基上菌落一接种环，置于洁净试管内，滴加3%过氧化氢溶液2mL，观察结果。

（3）结果　于半分钟内发生气泡者为阳性，不发生气泡者为阴性。

18. 三糖铁琼脂（TSI）

（1）成分　蛋白胨20g，牛肉膏5g，乳糖10g，蔗糖10g，葡萄糖1g，氯化钠5g，硫酸亚铁铵［$Fe(NH_4)(SO_4)_2 \cdot 6H_2O$］0.2g，硫代硫酸钠0.2g，琼脂12g，酚红0.025g，蒸馏水1000mL，pH 7.4。

（2）制法　将除琼脂和酚红以外的各成分溶解于蒸馏水中，校正pH，加入琼脂，加热煮沸，以溶化琼脂。加入0.2%酚红水溶液12.5mL，摇匀。分装试管，装量宜多些，以便得到较高的底层。121℃高压灭菌15min，放置高层斜面备用。

19. 半固体琼脂

（1）成分　蛋白胨1g，牛肉膏0.3g，氯化钠0.5g，琼脂0.35~0.4g，蒸馏水100mL，pH 7.4。

（2）制法　煮沸溶解各成分，校正pH后分装小试管，121℃高压灭菌15min。直立凝固。

20. 葡萄糖半固体发酵管

（1）成分　蛋白胨1g，牛肉膏0.3g，氯化钠0.5g，1.6%溴甲酚紫酒精溶液0.1mL，葡萄糖1g，琼脂0.3g，蒸馏水1000mL，pH 7.4。

（2）制法　将蛋白胨、牛肉膏和氯化钠加入于中，校正pH后加入琼脂加热熔解，再加入指示剂和葡萄糖，分装小试管，121℃高压灭菌15min。

21. 5%乳糖发酵管

（1）成分　蛋白胨 0.2g，氯化钠 0.5g，乳糖 5g，2%溴麝香草酚蓝水溶液 1.2mL，蒸馏水 1000mL，pH 7.4。

（2）制法　除乳糖以外的各成分溶解于 50mL 蒸馏水内，校正 pH。将乳糖溶解于另外 50mL 蒸馏水内，分别 121℃高压灭菌 15min，将两液混合，以无菌操作分装于灭菌小试管内。

注：在此培养内，大部分乳糖迟缓发酵的细菌可于 1d 内发酵。

三、一般培养基和专用培养基

1. 菌落总数测定和大肠菌群检验用培养基

（1）营养琼脂

①成分：蛋白胨 10g，牛肉膏 3g，氯化钠 5g，琼脂 15～20g，蒸馏水 1000mL，pH 7.2～7.4。

②制法：除琼脂外的成分溶于水中，校正 pH，加入琼脂，121℃高压灭菌 15min。

（2）平板计数琼脂

①成分：胰蛋白胨 5g，酵母浸粉 2.5g，葡萄糖 1g，琼脂 15g，蒸馏水 1000mL，pH 7.0。

②制法：除琼脂外的成分溶于水中，校正 pH，加入琼脂，121℃高压灭菌 15min。

（3）R2A 培养基　酵母膏 0.5g，蛋白胨 0.5g，酪蛋白水解物 0.5g，葡萄糖 0.5g，可溶性淀粉 0.5g，丙酮酸钠 0.3g，K_2HPO_3 0.3g，$MgSO_4$ 0.05g，琼脂 12g，蒸馏水 1000mL，pH 7.2±0.2（25℃）。2～8℃可保存 4 周。

（4）乳糖胆盐发酵管

①成分：蛋白胨 20g，猪胆盐（或牛、羊胆盐）5g，乳糖 10g，0.04%溴甲酚紫水溶液 25mL，蒸馏水 1000mL，pH 7.4。

②制法：将蛋白胨、胆盐及乳糖溶于水中，校正 pH，加入指示剂，分装每管 10mL，并放入一个小倒管，115℃高压灭菌 15min。

注：双料乳糖胆盐发酵管除蒸馏水外，其他成分加倍。

（5）乳糖发酵管

①成分：蛋白胨 20g，乳糖 10g，0.04%溴甲酚紫水溶液 25mL，蒸馏水 1000mL，pH 7.4。

②制法：将蛋白胨及乳糖溶于水中，校正 pH，加入指示剂，每管分装 3mL，并放入一个小倒管，115℃高压灭菌 15min。供大肠菌群证实试验用。

（6）乳糖蛋白胨培养液（水质检验用）

①成分：蛋白胨 10g，牛肉膏 3g，乳糖 5g，氯化钠 5g，溴甲酚紫乙醇溶液（16g/L）1mL，蒸馏水 1000mL。

②制法：将蛋白胨、牛肉膏、乳糖及氯化钠溶于蒸馏水中，调整 pH 为 7.2～7.4，再加入 1mL 16g/L 的溴甲酚紫乙醇溶液，充分混匀，分装于装有倒管的试管中，115℃高压灭菌 15min，贮存于冷暗处备用。

③二倍浓缩乳糖蛋白胨培养液：按上述乳糖蛋白胨培养液除蒸馏水外，其他成分量加倍。

（7）伊红美蓝琼脂（EMB）

①成分：蛋白胨 10g，乳糖 10g，磷酸氢二钾 2g，琼脂 17g，2%伊红 Y 溶液 20mL，0.65%美蓝溶液 10mL，蒸馏水 1000mL，pH 7.1。

②制法：将蛋白胨、磷酸盐酸和琼脂溶解于蒸馏水中，校正 pH，分装于烧瓶内，121℃高压灭菌 15min 备用。临用时加入乳糖并加热溶化琼脂，冷至 50～55℃，加入伊红和美蓝溶液，摇匀，倾注平板。

（8）远藤氏品红亚硫酸钠培养基　蛋白胨 10g，牛肉膏 5g，酵母膏 5g，乳糖 10g，亚硫酸钠 5g，磷酸氢二钾 3.5g，5%碱性品红乙醇溶液 20mL，琼脂 12g，蒸馏水 1000mL，pH7.3，115℃高压灭菌 15min。

（9）LST 配方　胰蛋白胨 20g，乳糖 5g，磷酸氢二钾 2.75g，磷酸二氢钾 2.75g，氯化钠 5g，月桂基硫酸钠 0.1g，蒸馏水 1000mL。

（10）煌绿胆盐发酵管（BGLB）配方　蛋白胨 10g，乳糖 5g，牛胆盐 20g，煌绿 0.0133g，蒸馏水 1000mL，pH 7.2。（月桂基硫酸钠比胆盐更少抑制大肠杆菌，BGLB 可部分抑制发酵乳糖产气的芽孢菌。）

（11）结晶紫中性红胆盐琼脂（VRBA）　蛋白胨 7.0g，酵母膏 3.0g，胆盐 1.5g，中性红 0.03g，乳糖 10.0g，结晶紫 0.002g，氯化钠 5.0g，琼脂 15g，蒸馏水 1000mL，pH 7.4。

（12）LST-MUG 肉汤　胰蛋白（胨）或胰酪胨 20.0g，氯化钠 5.0g，乳糖 5.0g，磷酸氢二钾 2.75g，磷酸二氢钾 2.75g，月桂基硫酸钠 0.1g，MUG 0.1g，蒸馏水 1000mL。将各成分溶于蒸馏水中，分装试管（内装倒立小发酵管），每管 10mL。121℃高压灭菌 15min。最终 pH 6.8±0.2。

（13）Columbia-MUG 琼脂培养基　胰酪胨 13.0g，水解蛋白 6.0g，酵母浸膏 3.0g，牛肉浸膏 3.0g，可溶性淀粉 1.0g，氯化钠 5.0g，琼脂 13.0g，蒸馏水 1000mL。无须调 pH 121℃高压灭菌 15min。冷却至 55～60℃，倾注平板。

（14）Xgal-MUG（4-Methyl-Umbelliferyl-β-D-glucuronide）培养基　氯化钠 5g，磷酸氢二钾 2.7g，磷酸二氢钾 2g，月桂基磺酸钠 100mg，山梨醇 1g，胰胨 5g，MUG 50mg，X-β-D-gal 80mg，异丙基-β-D-硫代葡萄糖醛酸 100mg，无菌混合后，分十份分装容器。

（15）MUGal（4-甲基伞形酮-β-半乳糖苷）肉汤　胰蛋白胨或胰酪胨 20.0g，氯化钠 5.0g，无水磷酸氢二钾 2.75g，无水磷酸二氢钾 2.75g，月桂酸硫酸钠 0.1g，MUGal（纯度不低于 99%）0.08g，蒸馏水 1000mL。

将各成分加热溶于蒸馏水中，以 15%～20%氢氧化钠溶液调整 pH，分装于 20mm×150mm 试管，每管 9mL，115℃蒸汽灭菌 10min，最终 pH 7.0～7.2。待培养基冷却后，以无菌操作于每管培养液内加入 0.1mL 经无菌水稀释的 500μg/mL 头孢磺啶液或于 1000mL 灭菌培养液内加 1mL 经无菌水稀释的 5mg/mL 头孢磺啶液并以无菌操作分装试管。

注：双料的 MUGal 肉汤除蒸馏水外其他成分加倍。

2. 蛋品沙门菌检验用培养基

（1）亚硒酸盐煌绿增菌液

①成分：蛋白胨 5g，酵母浸膏 5g，甘露醇 5g，牛磺胆酸钠 1g，20%亚硒酸氢钠溶液 20mL，0.25moL/L 磷酸盐缓冲液（pH 7.0）100mL，2%煌绿溶液 0.25mL，蒸馏水 900mL。

②制法：将前面四种成分溶解于蒸馏水中；校正 pH，当用于干鸡蛋白样品时，pH 8.2±0.1；用于其他干蛋品时，pH 7.2±0.1；用于冰蛋品时，pH 7.0±0.1；121℃高压灭菌 15min，放冷备用。临用前加入灭菌的 20%亚硒酸氢钠溶液及磷酸盐缓冲液，复查混合液的 pH，必要时进行校正。加入煌绿溶液定量分装于灭菌的烧瓶内，每瓶 150mL，于 1～5d 内使用。

注1：20%亚硒氢钠溶液121℃高压灭菌15min。

注2：0.25moL/L磷酸盐缓冲液（pH 7.0）配法：磷酸氢二钾（无水）1.8g，磷酸二氢钾（无水）17.1g，蒸馏水1000mL，121℃高压灭菌15min。

（2）煌绿肉汤增菌液

①成分：肉浸液肉汤（或牛肉膏汤）1000mL，磷酸氢二钾1g，2%煌绿溶液0.5～10mL，将肉浸液肉汤加入磷酸氢二钾（原有磷酸氢二钾者可不加），校正pH，分装烧瓶，每瓶100mL，121℃高压灭菌20min。

②2%煌绿水溶液于临用前配制。按表8-2的比例于肉汤内加入煌绿溶液，摇匀，备用。

表8-2　　　　　　　　　　　　不同煌绿肉汤增菌液的配制比例

检验种类	检验接种用量	培养基数量/mL	煌绿浓度
巴氏杀菌全蛋粉	6g（加24mL灭菌水）	120	1/6000～1/4000
蛋黄粉	6mL（加24mL灭菌水）	120	1/6000～1/4000
鲜蛋液	6g（加24mL灭菌水）	120	1/6000～1/4000
蛋白片	6g（加24mL灭菌水）	150	1/1000000
巴氏杀菌冰全蛋	30g	150	1/6000～1/4000
冰蛋黄	30g	150	1/6000～1/4000
冰蛋白	30g	150	1/60000～1/50000
鲜蛋、糟蛋、皮蛋	30g	150	1/6000～1/4000

注：煌绿浓度以检样和肉汤的总量计算；加入煌绿溶液时，肉汤温度不宜过高，一般以放冷为宜；煌绿的纯度不应低于93%。

3. 沙门菌、志贺菌、大肠杆菌检验用培养基

（1）EC肉汤

①成分：胰蛋白胨20g，3号胆盐（或混合胆盐）1.5g，乳糖5g，磷酸氢二钾4g，磷酸二氢钾1.5g，氯化钠5g，蒸馏水1000mL。

②制法：将上述成分混合，溶解后，分装有发酵倒管的试管中，121℃高压灭菌15min，最终pH为6.9±0.2。

（2）缓冲蛋白胨水（BP）

①成分：蛋白胨10g，氯化钠5g，磷酸氢二钠（$Na_2PO_4 \cdot 12H_2O$）9g，磷酸二氢钾1.5g，蒸馏水1000mL，pH 7.2。

②制法：按上述成分配好后以大烧瓶装，121℃高压灭菌15min。临用时无菌分装每瓶225mL。供沙门菌前增菌用。

（3）氯化镁孔雀绿增菌液（MM）

①成分：

甲液：胰蛋白胨5g，氯化钠8g，磷酸二氢钾1.6g，蒸馏水1000mL。

乙液：氯化镁（化学纯）40g，蒸馏水100mL。

丙液：0.4%孔雀绿水溶液。

②制法：分别按上述成分配好后，121℃高压灭菌15min备用。临用时取甲液90mL、乙液

9mL、丙液 0.9mL，以无菌操作混合即可。

注：本培养亦称 Rappaport10（R10）增菌液。

（4）四硫黄酸钠煌绿增菌液（TTB）

①基础培养基：多胨或胨胨 5g，胆盐 1g，碳酸钙 10g，硫代硫酸钠 30g，蒸馏水 1000mL。

②碘溶液：碘 6g，碘化钾 5g，蒸馏水 20mL。

③制法：将基础培养基的各成分加入蒸馏水中，加热溶解，分装每瓶 100mL。分装时应随时振摇，使其中的碳酸钙混匀。121℃高压灭菌 15min 备用。临用时每 100mL 基础培养基中加入碘溶液 2mL、0.1%煌绿溶液 1mL。

（5）亚硒酸盐胱氨酸增菌液（SC）

①成分：蛋白胨 5g，乳糖 4g，亚硒酸氢钠 4g，磷酸氢二钠 5.5g，磷酸二氢钾 4.5g，L-胱氨酸 0.01g，蒸馏水 1000mL。

1%L-胱氨酸-氢氧化钠溶液的配法：称取 L-半胱氨酸 0.1g（或 DL-胱氨酸 0.2g），加 1mol/L 氢氧化钠 1.5mL，使溶解，再加入蒸馏水 8.5mL 即成。

②制法：将除亚硒酸氢钠和 L-胱氨酸以外的各成分溶解于 900mL 蒸馏水中，加热煮沸，放冷备用。另将亚硒酸氢钠溶解于 100mL 蒸馏水中，加热煮沸、候冷，以无菌操作与上液混合。再加入 1%L-胱氨酸-氢氧化钠溶液 1mL。分装于灭菌瓶中，每瓶 100mL，pH 应为 7.0±0.1。

（6）MKTTn 增菌液

①基础培养基：牛肉膏 4.3g，酪蛋白胨 8.6g，氯化钠 2.6g，碳酸钙 38.7g，硫代硫酸钠 30.5g，牛胆盐 4.78g，煌绿 0.0096g，新生霉素 0.04g，蒸馏水 1000mL，pH 8.2±0.2。

②碘溶液：碘 20g，碘化钾 25g，蒸馏水 100mL。

将基础培养基加热煮沸 5min，冷至 45℃时加入 20mL 碘液，分装 10mL。

（7）RVS 增菌液

①溶剂 A：大豆胨 5.0g，NaCl 8.0g，KH_2PO_4 1.4g，K_2HPO_4 0.2g，蒸馏水 1000mL。将上述成分溶解于水，如需要可以加热到 70℃左右。

②溶剂 B：$MgCl_2 \cdot 12H_2O$ 400.0g，水 1000mL。

由于氯化镁容易吸湿，依据相关公式，可取整个的 $MgCl_2 \cdot 6H_2O$ 溶解于新开的容器内。例如，250g $MgCl_2 \cdot 6H_2O$ 加入 625mL 的水，得到一个总体积为 788mL 的溶液，$MgCl_2 \cdot 6H_2O$ 的重量浓度约为 31.7g/100mL。

③溶剂 C：将孔雀绿 0.4g 溶于 100mL 水中。溶液置于棕色瓶中，室温保存至少 8 个月。

④完全培养基：取 1000mL 溶液 A、100mL 溶液 B、10mL 溶液 C 混合。如需要，调节 pH，以便在灭菌后 pH 为 5.2±0.2。使用前，用 10mL 量分装试管。置高压灭菌锅中 115℃灭菌 15min。已配好的培养基于（3±2）℃保存。隔天使用该培养基。最终培养基成分是：大豆胨 4.5g/L；氯化钠 7.2g/L；磷酸二氢钾 1.26g/L，磷酸氢二钾 0.18g/L；$MgCl_2$ 13.4g/L 或 $MgCl_2 \cdot 12H_2O$ 28.6g/L；孔雀绿 0.036g/L。

（8）GN 增菌液

①成分：胰蛋白胨 20g，葡萄糖 1g，甘露醇 2g，柠檬酸钠 5g，去氧胆酸钠 0.5g，磷酸氢二钾 4g，磷酸二氢钾 1.5g，氯化钠 5g，蒸馏水 1000mL，pH 7.0。

②制法：按上述成分配好，加热使溶解，校正 pH。分装每瓶 225mL，115℃高压灭菌 15min。

（9）志贺菌增菌液　胰蛋白胨 20g，磷酸氢二钾 4g，磷酸二氢钾 2g，葡萄糖 1g，氯化钠 5g，聚山梨酯-80 1.5mL，蒸馏水 1000mL，pH 7.0，121℃高压灭菌 15min。冷却后加过滤灭菌的新生霉素，宋内氏志贺菌增菌液中添加 0.5μg/μL 新生霉素，其余志贺菌增菌中添加 0.3μg/mL 新生霉素。

（10）肠道菌增菌肉汤

①成分：蛋白胨 10g，葡萄糖 5g，牛胆盐 20g，磷酸氢二钠 8g，磷酸二氢钾 2g，煌绿 0.015g，蒸馏水 1000mL，pH 7.2。

②制法：按上述成分配好，加热使溶解，校正 pH。分装每瓶 30mL，115℃高压灭菌 15min。

（11）改良 EC 新生霉素增菌肉汤　胰蛋白胨 20g，3 号胆盐 1.12g，乳糖 5g，磷酸氢二钾 4g，磷酸二氢钾 1.5g，氯化钠 5g，蒸馏水 1L，pH 6.9，121℃高压灭菌 15min。冷却后加过滤灭菌的新生霉素溶液，使最终浓度为 20μg/μL。

（12）改良胰酶大豆汤（mTSB）　脱水胰酶大豆汤 30.0g，胆盐 3 号 1.5g，无水 $Na_2HPO_4$1.25g，酪蛋白水解物 10.0g，加 1000mL 蒸馏水。121℃高压灭菌 15min。冷至 50～60℃加 2mL 过滤除菌的盐酸吖啶黄水溶液（5mg/mL），使其最终浓度为 10μg/mL。

乳类食品使用含吖啶黄的改良胰酶大豆汤，42℃培养 18～24h。配方：胰酶大豆汤 17g，3 号胆盐 1.5g，磷酸氢二钠 1.25g，酪蛋白水解物 10g，蒸馏水 1L。121℃高压灭菌 15min。冷却至 50～60℃后加过滤灭菌的盐酸吖啶黄溶液（5mg/mL），使最终浓度为 10μg/mL。

（13）XLD 平板　去氧胆酸钠 2.5g，柠檬酸铁铵 0.8g，硫代硫酸钠（$5H_2O$）6.8g，酵母膏 3g，L-赖氨酸 5g，氯化钠 5g，木糖 3.75g，乳糖 7.5g，蔗糖 7.5g，琼脂 13.5g，1%酚红 8mL，蒸馏水 1000mL，pH 为 7.2。

（14）XLT4 琼脂　基础液：酶解蛋白胨 1.6g，酵母膏 3g，L-赖氨酸 5g，木糖 3.75g，乳糖 7.5g，蔗糖 7.5g，柠檬酸铁铵 0.8g，硫代硫酸钠 6.8g，氯化钠 5g，琼脂 18g，酚红 0.08g，蒸馏水 1000mL。另加 27%的特吉托尔（Tergitol）4.6mL，终 pH 7.4，加热煮沸溶解不必灭菌。

（15）亚硫酸铋琼脂（BS）

①成分：蛋白胨 10g，牛肉膏 5g，葡萄糖 5g，硫酸亚铁 0.3g，磷酸氢二钠 4g，煌绿 0.025g，柠檬酸铋铵 2g，亚硫酸钠 6g，琼脂 18～20g，蒸馏水 1000mL，pH 7.5。

②制法：将前面 5 种成分溶解于 300mL 蒸馏水中。将柠檬酸铋铵和亚硫酸钠另用 50mL 蒸馏水溶解。将琼脂于 600mL 蒸馏水中煮沸溶解，冷至 80℃。将前三液合并，补充蒸馏水至 1000mL，校正 pH，加 0.5%煌绿水溶液 5mL，摇匀。冷至 50～55℃，倾注平皿。

注：此培养基不需高压灭菌。制备过程不宜过分加热，以免降低其选择性。应在临用前 1d 制备，贮存于室温暗处。超过 48h 不宜使用。

（16）DHL 琼脂

①成分：蛋白胨 20g，牛肉膏 3g，乳糖 10g，蔗糖 10g，硫代硫酸钠 2.3g，去氧胆酸钠 1g，中性红 0.03g，柠檬酸钠 1g，柠檬酸铁铵 1g，琼脂 18～20g，蒸馏水 1000mL，pH 7.3。

②除中性红和琼脂外成分溶解于 400mL 蒸馏水中，调 pH。剩余蒸馏水与琼脂混合加热溶解。二液合并加入 0.5%中性红溶液 6mL，冷至 50～55℃，倾注平皿。

（17）HE 琼脂

①成分：胨 12g，牛肉膏 3g，乳糖 12g，蔗糖 12g，水杨苷 2g，胆盐 20g，氯化钠 5g，琼脂

18~20g，蒸馏水 1000mL，Andrade 指示剂 20mL，0.4%溴麝香草酚蓝溶液 16mL，甲液 20mL，乙液 20mL，pH 7.5。

②制法：将前 7 种成分溶于 400mL 蒸馏水，作为基础液。加入甲液和乙液，调 pH。再加入指示剂。剩余蒸馏水与琼脂混合加热溶解。二液合并，冷至 50~55℃，倾注平皿。

注：不可高压灭菌。甲液：硫代硫酸钠 34g，柠檬酸铁铵 4g 蒸馏水 100mL；乙液：去氧胆酸钠 10g，蒸馏水 100mL；Andrade 指示剂：酸性复红 0.5g，1mol/L 氢氧化钠 16mL，蒸馏水 100mL。将复红溶于蒸馏水中，加入氢氧化钠溶液。数小时后如果不褪色，再加氢氧化钠溶液 1~2mL，至褪色。

（18）SS 琼脂

①基础培养基：牛肉膏 5g，胨 5g，三号胆盐 3.5g，琼脂 17g，蒸馏水 1000mL。

将牛肉膏、胨和胆盐溶解于 400mL 蒸馏水中，将琼脂加入于 600mL 蒸馏水中，煮沸使其溶解，再将两液于 121℃高压灭菌 15min，保存备用。

②完全培养基：基础培养基 1000mL，乳糖 10g，硫代硫酸钠 8.5g，柠檬酸钠 8.5g，10%柠檬酸铁溶液 10mL，1%中性红溶液 2.5mL，0.1%煌绿溶液 0.33mL，加热熔化基础培养基，按比例加入上述除染料以外之各成分，充分混合均匀，校正 pH 7.0，加入中性红和煌绿溶液，倾注平板。

注1：制好的培养基宜当日使用，或保存于冰箱内于 48h 内使用。

注2：煌绿溶液配好后应在 10d 以内使用。

注3：可以购用 SS 琼脂的干燥培养基。

（19）WS 琼脂

①成分：胨 12g，牛肉膏 3g，氯化钠 5g，乳糖 12g，蔗糖 12g，十二烷基硫酸钠 2g，琼脂 15g，Andrade 指示剂 20mL，0.4%溴麝香草酚蓝溶液 16mL，甲液 20mL，蒸馏水 1000mL，pH 7.0。

②制法：除指示剂和甲液外，将其他成分加热溶解，不需消毒，校正 pH 后加入提示剂和甲液，倾注平板应呈草绿色。

注1：供沙门菌分离用。

注2：Andrade 指示剂和甲液的配制均见 HE 琼脂。

（20）麦康凯琼脂

①成分：蛋白胨 17g，胨 3g，猪胆盐（或牛、羊胆盐）5g，氯化钠 5g，琼脂 17g，蒸馏水 1000mL，乳糖 10g，0.01%结晶紫水溶液 10mL，0.5%中性红溶液 5mL。

②制法：将蛋白胨、胨、胆盐和氯化钠溶解于 400mL 蒸馏水中，校正 pH 7.2。将琼脂加入 600mL 蒸馏水中，加热溶解。将二液合并，分装于烧瓶内，121℃高压灭菌 15min 备用。

临用时加热熔化琼脂，趁热加入乳糖，冷至 50~55℃时，加入结晶紫和中性红水溶液，摇匀后倾注平板。

注：结晶紫及中性红水溶液配好后需经高压灭菌。

（21）山梨醇麦康凯平板（SMAC）　蛋白胨 17g，多胨 3g，山梨醇 10g，胆盐 5g，氯化钠 5g，0.01%结晶紫 10mL，0.5%中性红 5mL，1%亚碲酸钾溶液（最终量为 2.5g）琼脂 17g，蒸馏水 1000mL，pH 7.2。

将蛋白胨、多胨、胆盐、氯化钠溶于 400mL 水中，校正 pH 7.2。琼脂与 600mL 蒸馏水加热溶化后，二液合并，121℃高压灭菌15min。冷至100℃左右时加入山梨醇。50～55℃时加入结晶紫和中性红，再加入灭菌过滤的亚碲酸钾溶液，使亚碲酸钾的最终浓度为2.5mg/L，并加入头孢克肟使终浓度为0.05mg/L。

（22）CT-SMAC培养基 蛋白胨20g，山梨醇10g，去氧胆酸钠1g，氯化钠5g，0.1%结晶紫1mL，1%中性红3mL，琼脂15g，蒸馏水1000mL，pH 7.2。灭菌冷至50℃时加入1mL头孢克肟-亚碲酸钾溶液，使头孢克肟的最终浓度为0.05mg/L（抑制变形杆菌），亚碲酸钾的最终浓度为2.5mg/L（抑制气单胞菌等）。此培养基在密封塑料袋中可保留一周。

（23）TBX琼脂 蛋白胨20.0g，3号胆盐1.5g，X-β-D-葡萄糖醛酸苷（5-溴-4-氯-3-吲哚-β-D-葡萄糖醛酸苷）0.075g，琼脂15.0g，蒸馏水1000mL，pH为7.2±0.2（25℃）。121℃高压灭菌15min。

4. 副溶血性弧菌检验用培养基

（1）氯化钠结晶紫增菌液

①成分：蛋白胨20g，氯化钠40g，0.01%结晶紫溶液5mL，蒸馏水1000mL，pH 9.0。

②制法：除结晶紫外，其他按上述成分配好，加热溶解。约加30%氢氧化钾溶液4.5mL校正pH。加热煮沸，过滤，再加入结晶紫溶液混合后分装试管。121℃高压灭菌15min。

（2）碱性蛋白胨水 蛋白胨20g，氯化钠5g，蒸馏水1000mL，pH 8.4～8.6。氯化钠多黏菌素B肉汤配方：A液：蛋白胨10g，酵母膏3g，氯化钠20g，蒸馏水1000mL，pH 7.4。B液：多黏菌素B硫酸盐100000U溶于100mL蒸馏水。随用随配：A液90mL加B液10mL。

（3）GST肉汤 蛋白胨10g，肉膏3g，氯化钠30g，葡萄糖5g，甲基紫0.002g，月桂基磺酸钠1.36g，蒸馏水1000mL，pH 8.6，121℃高压灭菌15min。

（4）氯化钠蔗糖琼脂

①成分：蛋白胨10g，牛肉膏10g，氯化钠50g，蔗糖10g，琼脂18g，0.2%溴麝香草酚蓝溶液20mL，蒸馏水1000mL，pH 7.8。

②制法：将牛肉膏、蛋白胨及氯化钠溶解于蒸馏水中，校正pH。加入琼脂，加热溶解，过滤。加入指示剂，分装烧瓶100mL。121℃高压灭菌15min备用。临用前在100mL培养基内加入蔗糖1g，加热溶化并冷到50℃，倾注平板。

（5）嗜盐菌选择性琼脂

①成分：蛋白胨20g，氯化钠40g，琼脂17g，0.01%结晶紫溶液5mL，蒸馏水1000mL，pH 7.8。

②制法：除结晶紫和琼脂外，其他按上述成分配好，校正pH。加入琼脂，加热溶解，再加入结晶紫溶液，每瓶分装100mL。

（6）TCBS琼脂 酵母膏10g，牛胆盐8g，柠檬酸铁1g，蛋白胨10g，硫代硫酸钠10g，蔗糖20g，琼脂15g，溴麝香草酚蓝0.04g，麝香草酚蓝0.04g，pH 8.6。TCBS可作为计数平板（0.1mL涂抹）。37℃培养18h。

（7）TSAT琼脂 胰大豆胨琼脂40g，蔗糖20g，氯化钠25g，3号胆盐0.5g，3mL 1%TTC溶液，蒸馏水1000mL，pH 7.1，121℃高压灭菌15min。

（8）氯化钠营养琼脂 蛋白胨5g，肉膏3g，氯化钠30g，琼脂8～18g，蒸馏水1000mL，pH 8.5。121℃高压灭菌15min。

（9）氯化钠肉膏酵母膏琼脂 蛋白胨10g，肉膏2g，酵母膏6g，氯化钠30g，盐酸半胱氨酸0.3g，葡萄糖2g，琼脂5～8g，蒸馏水1000mL，pH 7.5，每管分装4mL，121℃高压灭菌 15min。

（10）我妻氏培养基　蛋白胨 10g，酵母浸粉 5g，氯化钠 70g，甘露醇 5g，琼脂 15g，0.1% 结晶紫溶液 1mL，蒸馏水 1000mL。pH 7.5。结晶紫外加热溶解，调节 pH 后再加入。115℃灭菌 15min。冷至 50℃加入新鲜的 20%浓度的洗涤过的人红细胞或马红细胞，混匀后倾注平板。

（11）氯化钠血琼脂

①成分：酵母膏 3g，蛋白胨 10g，氯化钠 70g，磷酸氢二钠 5g，甘露醇 10g。结晶紫 0.001g，琼脂 15g，蒸馏水 1000mL。

②制法：调 pH 8.0 加热 30min（不必高压），待冷至 45℃左右时，加入新鲜人或兔血（5%~10%）混合均匀，倾注平皿。可替代我妻氏平板。

（12）3.5%氯化钠三糖铁琼脂

①成分：三糖铁琼脂 1000mL，氯化钠 30g。

②制法：先配制三糖铁琼脂，再加入氯化钠 30g，分装试管，121℃高压灭菌 15min。放置高层斜面备用。

（13）嗜盐性试验培养基

①成分：蛋白胨 10g，氯化钠按不同量加蒸馏水 100mL，pH 7.7。

②制法：配制 2%蛋白胨水，校正 pH，共配制 5 瓶，每瓶 100mL。每瓶分别加入不同量的氯化钠：a. 不加；b. 3g；c. 7g；d. 9g；e. 11g。待溶解后分装试管。121℃高压灭菌 15min。

（14）3.5%氯化钠生化试验培养基

成分及制法：根据所需糖的种类按前法配制。只是将氯化钠含量改为 3.5%，pH 7.7。

5. 金黄色葡萄球菌和链球菌检验用培养基

（1）肉浸液肉汤

①成分：绞碎牛肉 500g，氯化钠 5g，蛋白胨 10g，磷酸氢二钾 2g，蒸馏水 1000mL。

②制法：将绞碎的去筋膜无油脂牛肉 500g 加蒸馏水 1000mL，混合后放冰箱过夜，除去液面之浮油，隔水煮沸 0.5h，使肉渣完全凝结成块，用绒布过滤，并挤压收集全部滤液，加水补足原量。加入蛋白胨、氯化钠和磷酸盐，溶解后校正 pH 7.4~7.6 煮沸并过滤分装，121℃高压灭菌 30min。

（2）血琼脂

①成分：豆粉琼脂（pH 7.4~7.6）100mL，脱纤维羊血（或兔血）5~10mL。

②制法：加热溶化琼脂，冷却到 50℃。以灭菌操作加入脱纤维羊血，摇匀，倾注平板。可分装灭菌试管，置成斜面。也可用其他营养丰富的基础培养基配制血琼脂。

（3）胰酪胨大豆肉汤

①成分：胰酪胨（或胰蛋白胨）17g，植物蛋白胨（或大豆蛋白胨）3g，氯化钠 100g，磷酸氢二钾 2.5g，葡萄糖 2.5g，蒸馏水 1000mL。

②制法：将上述成分混合，加热并轻轻搅拌溶解，分装后，121℃高压灭菌 15min，最终 pH 7.3±0.2。

（4）Baird-Parker 培养基

①成分：胰蛋白胨 10g，牛肉膏 5g，酵母膏 1g，丙酮酸钠 10g，甘氨酸 12g，氯化锂（LiCl·6H₂O）5g，琼脂 20g，蒸馏水 950mL。

②增菌剂的配法：30%卵黄盐水 50mL 与除菌过滤的 1%亚碲酸钾溶液 10mL 混合，保存于

冰箱内。

③制法：将各成分加到蒸馏水中，加热煮沸至完全溶解。冷到25℃，校正pH。分装每瓶95mL，121℃高压灭菌15min。临用时加热溶化琼脂，冷至50℃，每95mL加入预热至50℃的卵黄亚碲酸钾增菌剂5mL摇匀后倾注平板。培养基应是致密不透明的。使用前在冰箱储存不得超过48h。

（5）7.5%氯化钠肉汤

①成分：蛋白胨10g，牛肉膏3g，氯化钠75g，蒸馏水1000mL，pH 7.4。

②制法：将上述成分加热溶解，校正pH，分装试管，121℃高压灭菌15min。

（6）匹克氏肉汤

①成分：含1%胰蛋白胨的牛心浸液200mL，1∶25000结晶紫盐水溶液10mL，1∶800三氮化钠溶液10mL，脱纤维兔血（或羊血）10mL。

②制法：将上述已灭菌的各种成分，以无菌操作依次混合，分装于菌试管内，每管内约2mL，保存于冰箱内备用。

（7）兔（人）血浆制备　取3.8%柠檬酸钠溶液一份加兔（人）全血四份，混好静置之，则血球下降，即可得血浆进行试验。

3.8%柠檬酸钠溶液的配制如下：

①成分：柠檬酸钠3.8mL，蒸馏水100mL。

②制法：取柠檬酸钠3.8g，加蒸馏水到100mL，溶解后过滤，装瓶，121℃高压灭菌15min。

（8）葡萄糖肉汤（含8%新生牛血清）

①成分：酵母浸膏3g，10%葡萄糖溶液20mL，柠檬酸钠3g，磷酸氢二钾2g，牛肉汤900mL，24.7%硫酸镁20mL，0.5%对氨苯甲酸5mL，新生牛血清80mL。

②制法：除葡萄糖及硫酸镁外，其他各物混合，加热溶解，矫正pH至7.6，再煮沸5min；用滤纸过滤并分装于100mL三角烧瓶内，每瓶50mL，包扎瓶口，121℃高压灭菌20min；将葡萄糖配成10%水溶液，硫酸镁配成24.7%水溶液，分别115℃高压灭菌15min；每50mL无菌肉汤内加入无菌葡萄糖及磷酸镁水溶液各1mL，混匀。于37℃培养2d证明无细菌生长后存于冰箱内备用。此培养基用于猪链球菌的培养。

6. 产芽孢菌检验用培养基（蜡样芽孢杆菌、肉毒杆菌、产气荚膜梭菌）

（1）甘露醇卵黄多黏菌素琼脂

①成分：蛋白胨10g，牛肉膏1g，甘露醇10g，琼脂15g，氯化钠10g，蒸馏水1000mL，0.2%酚红溶液13mL，多黏菌素B100IU/mL，pH 7.4。

②制法：将前面5种成分加入于蒸馏水中，加热溶解，校正pH，加入酚红溶液。分装烧瓶，每瓶100mL，121℃高压灭菌15min。临用时加热融化琼脂，冷至50℃，每瓶加入50%卵黄液5mL及多黏菌素B10000IU，混匀后倾注平板。

（2）酪蛋白琼脂

①成分：酪蛋白10g，牛肉膏3g，磷酸氢二钠2g，氯化钠5g，琼脂15g，蒸馏水1000mL，0.4%溴麝香草酚蓝溶液12.5mL，pH 7.4。

②制法：将除指示剂外的各成分混合，加热溶解（但酪蛋白不溶解），校正pH。加入指示剂，分装烧瓶，121℃高压灭菌15min，临用时加热融化琼脂，冷至50℃，倾注平板。

注：将菌株划线接种于平板上，如沿菌落周围有透明圈形成，即为能水解酪蛋白。

（3）木糖-明胶培养基

①成分：胰胨 10g，酵母膏 10g，木糖 10g，磷酸氢二钠 5g，明胶 120g，蒸馏水 1000mL，0.2%酚红溶液 25mL，pH 7.6。

②制法：将除酚红以外的各成分混合，加热溶解，校正 pH。加入酚红溶液，分装试管，121℃高压灭菌 15min，迅速冷却。

（4）庖肉培养基

①成分：牛肉浸液 1000mL，蛋白胨 30g，酵母膏 5g，磷酸氢二钠 5g，葡萄糖 3g，可溶性淀粉 2g，碎肉渣适量，pH 7.8。

②制法：称取新鲜除脂肪和筋膜的碎牛肉 500g，加蒸馏水 1000mL 和 1mol/L 氢氧化钠溶液 25mL，搅拌煮沸 15min，充分冷却，除去表层脂肪，澄清，过滤，加水补足至 1000mL。加入除碎肉渣外的各种成分，校正 pH。

碎肉渣经水洗后晾至半干，分装 15mm×150mm 试管，每支 2~3cm 高，每管加入还原铁粉或少量铁屑。将上述液体培养分装至每管内，超过肉渣表面约 1cm。上面覆盖熔化的凡士林或液体石蜡 0.3~0.4cm。121℃高压灭菌 15min。

（5）还原亚硫酸盐的梭菌计数用琼脂　蛋白胨 15g，大豆胨 7.5g，酵母膏 7.5g，肉膏 7.5g，柠檬酸铁铵 1g，焦亚硫酸钠 1g，L-半胱氨酸 0.75g，琼脂 30g，蒸馏水 1000mL，pH 7.6。

（6）卵黄 CW 琼脂　胨胨（Difco）10g，肉浸膏 5g，酪蛋白胨 10g，氯化钠 5g，乳糖 10g，苯酚红 0.05g，琼脂 15g，蒸馏水 1000mL，pH 7.6。灭菌后按 10%比例加入 50%的卵黄液。未经加热处理食品加入 0.02g 硫酸卡那霉素。

（7）乳糖卵黄牛乳琼脂

①A 基础：营养肉汤 800mL，琼脂 12g，乳糖 9.6g，中性红（1%）2.6mL，高压灭菌。

②B：50%卵黄生理盐水稀释液。

③取 A 基础液 80mL+3mL 卵黄液+12mL 灭菌脱脂牛乳。

（8）焦亚硫酸盐-环丝氨酸琼脂（SC）

①A 基础：胰胨 15g，大豆胨 5g，酵母膏 5g，无水 NaS_2O_5 1g，柠檬酸铁铵（Ⅲ）1g，琼脂 15g，蒸馏水 1000mL，pH 7.6。

②B：4%环丝氨酸水溶液。

③配制：A 基础 100mL+1mL 环丝氨酸溶液。

（9）乳糖焦亚硫酸盐培养基（LS）

①基础：酶解酪胨 5g，酵母膏 2.5g，氯化钠 2.5g，乳糖 10g，L-半胱氨酸 0.3g，蒸馏水 1000mL，pH 7.1。

②分装 8mL 于带有倒管的试管中，121℃高压灭菌 15min。

用 1.2g 焦亚硫酸钠溶于 100mL 蒸馏水中过滤除菌。另取 1g 柠檬酸三铁铵溶于 100mL 蒸馏水中过滤除菌。各取 0.5mL 无菌加入到上述试管中。

（10）卵黄琼脂培养基

①成分：基础培养基：肉浸液 1000mL，蛋白胨 15g，氧化钠 5g，琼脂 25~30g，pH 7.5；50%葡萄糖水溶液；50%卵黄盐水悬液。

②制法：制备基础培养基，分装每瓶 100mL，121℃高压灭菌 15min。临用时加热熔化琼

脂，冷却至50℃，每瓶内加入50%葡萄糖水溶液2mL和50%卵黄盐水悬液10~15mL，摇匀，倾注平板。

（11）DS培养基 蛋白胨15g，酵母膏4g，可溶性淀粉4g，硫乙醇酸钠1g，Na$_2$HPO$_3$·12H$_2$O 10g，蒸馏水1000mL，pH 7.5。121℃高压灭菌15min。使用前煮沸驱氧。流水冷却后接种。

（12）亚硫酸盐-多黏菌素-碘胺嘧啶琼脂（SPS）

①成分：胰酶消化酪蛋白胨15g，酵母膏10g，柠檬酸铁铵0.7~1.0g，琼脂15g，蒸馏水1000mL，10%亚硫酸钠水溶液（新配）5mL，0.12%多黏菌素B硫酸盐水溶液10mL，1.2%磺胺嘧啶钠水溶液10mL。

②制法：前面5种成分配合后加热溶解，校正pH分装每瓶1000mL，121℃高压灭菌15min。临用时加热溶化琼脂，冷至50℃。按比例加入后3种溶液，摇匀，倾注平板。

（13）液体硫乙醇酸盐培养基（FT）

①成分：胰酶消化酪蛋白胨15g，L-胱氨酸0.5g，葡萄糖5g，酵母膏5g，氯化钠2.5g，硫乙醇酸钠0.5g，刃天青（Resazurin）0.001g，琼脂0.75g，蒸馏水1000mL，pH 7.1。

②制法：煮沸溶解，冷即后校正pH，分装试管，每管10mL，121℃高压灭菌15min。临用前隔水煮沸10min，以驱除培养中溶解的氧气，迅速冷却。

（14）含铁牛乳培养基

①成分：新鲜全脂牛乳1000mL，硫酸亚铁1g，蒸馏水50mL。

②制法：将硫酸亚铁溶解于蒸馏水中，不断搅拌，缓慢地加入于1000mL牛乳中，混匀。分装试管，每管10mL，121℃高压灭菌15min。本培养基必须新鲜制备。

（15）动力—硝酸盐培养基

（A法）

①成分：蛋白胨5g，牛肉膏3g，硝酸钾1g，琼脂3g，蒸馏水1000mL，pH 7.0。

②制法：加热溶解，校正pH。分装试管，每管10mL，121℃高压灭菌15min。

（B法）

①成分：蛋白胨5g，牛肉膏3g，硝酸钾5g，磷酸氢二钾2.5g，半乳糖5g，甘油5g，琼脂3g，蒸馏水1000mL，pH 7.4。

②制法：将以上各成分混合，加热溶解，校正pH。分装试管，121℃高压灭菌15min。

7. 罐头检验用培养基

（1）平酸菌琼脂 胰胨10g，葡萄糖5g，溴甲酚紫（2%酒精溶液）2mL，琼脂15g，蒸馏水1000mL，pH 6.7。

（2）K培养基 蛋白胨5g，酵母膏3g，胰胨10g，L-盐酸鸟氨酸5g，甘露醇1g，肌醇10g，硫乙醇酸钠0.4g，柠檬酸铁铵0.5g，溴甲酚紫0.02g，琼脂30g，蒸馏水1000mL，pH 3.7。121℃，12min灭菌。

（3）嗜热解糖梭菌培养基 蛋白胨20g，酵母膏3g，1%溴甲酚紫乙醇溶液4mL，可溶性淀粉2g，蒸馏水1L。55℃厌氧培养2~3d。

（4）脱硫肠状菌培养基 蛋白胨10g，亚硫酸钠1g，柠檬酸铁0.5g，蒸馏水1L。

（5）溴甲酚紫葡萄糖肉汤

①成分：蛋白胨10g，牛肉浸膏3g，葡萄糖10g，氯化钠5g，溴甲酚紫0.04g（或1.6%酒精溶液2mL），蒸馏水1000mL。

②制法：将上述各成分（溴甲酚紫除外）加热搅拌溶解，调至 pH 7.0±0.2，加入溴甲酚紫，分装于带有小倒置管的中号试管中，每管 10mL，121℃灭菌 15min。

（6）酸性肉汤

①成分：多胨 5g，酵母膏 5g，葡萄糖 5g，磷酸氢二钾 4g，蒸馏水 1000mL。

②制法：将以上各成分加热搅拌溶解，调至 pH 7.0±0.2，121℃灭菌 15min，勿过分加热。

（7）麦芽浸膏汤

①成分：麦芽浸膏 15g，蒸馏水 1000mL。

②制法：将麦芽浸膏在蒸馏水中充分溶解，滤纸过滤，调至 pH 4.7±0.2，分装，121℃高压灭菌 15min。

如无麦芽浸膏，可按下法制备：用饱满分装大麦粒在温水浸透，置温暖处发芽，幼芽长达到 2cm 时，沥干余水，干透，磨细使成麦芽粉。制备培养基时，取麦芽粉 30g 加水 300mL、混匀，在 60~70℃浸渍 1h，吸出上层水。再同样加水浸渍一次，取上层水，合并两次上层水，并补加水至 1000mL，滤纸过滤。调至 pH 4.7±0.2，分装，121℃高压灭菌 15min。

（8）锰盐营养琼脂

先配制营养琼脂，每 1000mL 加入硫酸锰水溶液 1mL（100mL 蒸馏水溶解 3.08g 硫酸锰）。观察芽孢形成情况，最长不超过 10d。

8. 霉菌和酵母菌计数用培养基

（1）察氏培养基

①成分：硝酸钠 3g，磷酸氢二钾 1g，硫酸镁（$MgSO_4 \cdot 7H_2O$）0.5g，氯化钾 0.5g，硫酸亚铁 0.01g，蔗糖 30g，琼脂 20g，蒸馏水 1000mL。

②制法：加热溶解，分装后 121℃灭菌 20min。

③用途：青霉、曲霉鉴定及保存菌种用。

（2）孟加拉红培养基

①成分：蛋白胨 5g，葡萄糖 10g，磷酸二氢钾 1g，硫酸镁（$MgSO_4 \cdot 7H_2O$）0.5g，琼脂 20g，1/3000 孟加拉红溶液 100mL，蒸馏水 1000mL，氯霉素 0.1g。

②制法：上述各成分加入蒸馏水中溶解后，再加孟加拉红溶液。另用少量乙醇溶解氯霉素加入培养基中，分装后，121℃灭菌 20min。

（3）马铃薯葡萄糖琼脂　马铃薯（去皮切块）300g，葡萄糖 20g，琼脂酌量添加，蒸馏水 1000mL。将马铃薯去皮切块，加蒸馏水 1000mL，煮沸 20~30min，纱布过滤，补水至 1000mL。加入其他成分，115℃高压灭菌 15min。

（4）CYA（察氏酵母膏琼脂）　磷酸氢二钾 1g，察氏盐液 10mL，酵母膏粉 5g，蔗糖 30g，琼脂 15g，水 1000mL。

察氏盐液：硝酸钠 30g，氯化钾 5g，硫酸镁（$7H_2O$）5g，硫酸亚铁（$7H_2O$）0.1g，水 100mL。

（5）MEA（肉汁琼脂）　肉膏粉 20g，蛋白胨 1g，葡萄糖 20g，琼脂 20g，蒸馏水 1000mL。